Das beste Diät-Buch aller Zeiten

Joseph Parent · Lars Frormann

Das beste Diät-Buch aller Zeiten

... wenn Sie eigentlich gar keine Diät machen wollen

Aus dem amerikanischen Englisch von Dr. Lars Frormann unter Mitarbeit von Ute Hieksch

Joseph Parent
North Hollywood, Kalifornien
USA

Lars Frormann
Varna, Bulgarien

ISBN 978-3-662-61839-4   ISBN 978-3-662-61840-0   (eBook)
https://doi.org/10.1007/978-3-662-61840-0

Die Deutsche Nationalbibliothek verzeichnet diese Publikation in der Deutschen Nationalbibliografie; detaillierte bibliografische Daten sind im Internet über http://dnb.d-nb.de abrufbar.

Deutsche Übersetzung der 1. englischen Originalauflage erschienen bei Zen Arts Press, 2015
© Der/die Herausgeber bzw. der/die Autor(en), exklusiv lizenziert durch Springer-Verlag GmbH, DE, ein Teil von Springer Nature 2020
Das Werk einschließlich aller seiner Teile ist urheberrechtlich geschützt. Jede Verwertung, die nicht ausdrücklich vom Urheberrechtsgesetz zugelassen ist, bedarf der vorherigen Zustimmung des Verlags. Das gilt insbesondere für Vervielfältigungen, Bearbeitungen, Übersetzungen, Mikroverfilmungen und die Einspeicherung und Verarbeitung in elektronischen Systemen.
Die Wiedergabe von allgemein beschreibenden Bezeichnungen, Marken, Unternehmensnamen etc. in diesem Werk bedeutet nicht, dass diese frei durch jedermann benutzt werden dürfen. Die Berechtigung zur Benutzung unterliegt, auch ohne gesonderten Hinweis hierzu, den Regeln des Markenrechts. Die Rechte des jeweiligen Zeicheninhabers sind zu beachten.
Der Verlag, die Autoren und die Herausgeber gehen davon aus, dass die Angaben und Informationen in diesem Werk zum Zeitpunkt der Veröffentlichung vollständig und korrekt sind. Weder der Verlag, noch die Autoren oder die Herausgeber übernehmen, ausdrücklich oder implizit, Gewähr für den Inhalt des Werkes, etwaige Fehler oder Äußerungen. Der Verlag bleibt im Hinblick auf geografische Zuordnungen und Gebietsbezeichnungen in veröffentlichten Karten und Institutionsadressen neutral.

Fotonachweis Umschlag: © [M] savanno/stock.adobe.com; [M] © CWIS/stock.adobe.com

Planung/Lektorat: Heiko Sawczuk
Springer ist ein Imprint der eingetragenen Gesellschaft Springer-Verlag GmbH, DE und ist ein Teil von Springer Nature.
Die Anschrift der Gesellschaft ist: Heidelberger Platz 3, 14197 Berlin, Germany

Dieses Buch ist den Lehrern Chögyam Trungpa Rinpoche und Vajra Regent Ösel Tendzin gewidmet, die das Wesen des Geistes und den Weg in die Freiheit zeigen.

Und unseren Familien, unseren Frauen, unseren Kindern insbesondere Marie und Lennart sowie unseren Freunden und den liebsten Gefährten auf dieser Reise durchs Leben.

Meinungen zum Besten Diät-Buch aller Zeiten

Dies ist sicherlich *das beste Diät-Buch aller Zeiten;* in ihm werden hervorragende Geschichten erzählt und unbezahlbare Einblicke gewährt. Es findet wirklich Nachhall bei vielen meiner Patienten; das Feedback, das ich bekomme, ist ebenso einzigartig wie das Buch. Ich habe gerade weitere Exemplare für unser Sekretariat bestellt, damit wir immer welche zur Hand haben.
Dr. William Sellman, M.D., MBA University Healthcare Alliance/Stanford Hospital & Clinics

Der Gewichtsverlust von circa 30 kg schenkte mir das Vertrauen, bei allem erfolgreich sein zu können. Ich habe das Gewicht gehalten und immer wieder Turniere gewonnen. Dr. Parent ist ein Meister; dieses Buch wird Ihnen wirklich helfen, abzunehmen, sich selbstbewusster zu fühlen und Ihre Ziele zu erreichen.
Cristie Kerr, US Open und LPGA-Champion,
#1 in der Rolex-Weltrangliste für Damen Golf

Dr. Joe bietet einen leicht lesbaren, seriösen Ansatz, der uns ermöglicht, unser Essen und unser ganzes Leben zu genießen. Tolle Informationen und praktikable Strategien – ich empfehle es unbedingt!
Susan Piergeorge, MS, RDN, Autorin von „Boomer Be Well!"; Ernährungsexpertin

Lassen Sie mich ein Loblied auf dieses Buch singen – ein wichtiges und zeitgemäßes Werk im Hinblick auf unsere nationale Übergewichts-Notsituation. Dies ist wirklich das beste Diät-Buch aller Zeiten! Kaufen Sie es sich und Sie werden es nicht bereuen!
Michael Bolton, mehrfacher Grammy gekrönter Sänger und Songwriter

Vorwort

„Wenn Sie den ersten Schritt auf Ihrer Reise machen, haben Sie diese quasi schon halb vollendet." (Zen Sprichwort)

Dieses Buch enthält keine Rezepte oder Vorschriften, was Sie essen bzw. vermeiden sollen. Es wird Ihnen beibringen, auf welch positive Art und Weise Sie mit der Diät zurechtkommen und wie Sie mit sich selbst in allen Lebenssituationen umgehen können. Es wird Ihnen zeigen, wie Sie Ihren Verstand auf konstruktive Weise – frei von jeglichen kontraproduktiven, negativen Einstellungen – einsetzen können.

Jedes Jahr werden neue Diätprogramme vorgestellt. Diese sagen Ihnen genau, was, wie und wann Sie essen sollen. Warum haben trotzdem immer noch so viele Menschen Probleme mit dem Abnehmen? Und warum haben so viele, die abgenommen haben, Schwierigkeiten, das neue Gewicht zu halten? Die Nummer eins der Neujahrsvorsätze lautet „abnehmen und fit werden".

Leider ist dieser Vorsatz auch der am wenigsten erfolgreiche!

Die meisten Menschen finden Diäten unangenehm und frustrierend – ein ständiger Kampf. Was das Abnehmen so schwierig macht, ist in der Regel die Kombination aus einem restriktiven Diät-Plan und dem Versuch der Leute, diesen in die Praxis umzusetzen.

Das muss nicht so laufen.

Dieses Buch stellt eine Alternative vor, die wirklich funktioniert: Das Positive Auswahl Modell (PAM). Bei diesem Modell können Sie positive, lohnenswerte Auswahlen und Entscheidungen treffen und sich kleine, erreichbare Ziele setzen; das ist effektiver als der übliche negative Ansatz, bei dem Sie sich malträtieren müssen, um abzunehmen.

Dies ist ein wirklich einzigartiges Diät-Buch. Es sagt Ihnen nicht, dass Sie Ihre Nahrung ändern müssen, sondern zeigt Ihnen stattdessen, wie Sie Ihre mentale Einstellung und Lebensweise ändern können. Dieses Buch lehrt Sie nicht, wie Sie Ihr Essen kochen sollen, sondern vielmehr, wie Sie Ihren „Verstand aufbereiten". In diesem Buch finden Sie weder Rezepte, Einschränkungen, Entbehrungen oder Regeln, sondern nur Rüstzeug.

Dieses Buch ist das beste Diät-Buch aller Zeiten, da es jeden vernünftigen Abnehm-Plan ergänzt und abrundet. Betrachten Sie es als ein Meta-Programm, das Sie mit dem Rüstzeug versorgt, um jeden von Ihnen übernommenen oder selbst erstellten Plan mit maximaler Effektivität in die Tat umzusetzen. Es bietet Ihnen lang erprobte und bewährte Erkenntnis- und Bewusstseinstechniken. Dazu gehören Übungen, bei denen Sie mit Gedanken und Emotionen arbeiten, Ihren Körper sowie Geist beruhigen und sich auf diese konzentrieren und bei denen Sie nutzlose Gewohnheiten verändern.

Egal, wie gut Ihr Diätplan ist, wenn Sie nicht wissen, wie Sie mit Ihrem Verstand und Ihren Emotionen arbeiten, können Sie die Hindernisse nicht überwinden, die Ihnen auf Ihrem Weg des Abnehmens begegnen. Stress, emotionale Reaktivität, das Nachgeben gegenüber Versuchungen, Heißhunger/Gier und Gruppendruck – all diese Auslöser können das Starten und Festhalten an einem Diätprogramm erheblich erschweren.

Das Beste Diät-Buch aller Zeiten bietet Ihnen eine andere Art und Weise, den Prozess des Abnehmens und Gewichthaltens zu betrachten und zu erleben. Das o. g. *Positive Auswahl Modell* liefert Ihnen die richtige Grundlage, damit Ihr nächster Abnehm-Versuch ein Erfolg wird.

Der Untertitel der Originalausgabe dieses Buches ist „Das Zen des Abnehmens". Was hat das Zen mit Diät zu tun? Zen bedeutet „bewusstes Handeln" und „ganz im Hier und Jetzt sein". Zen-Praktiken erweitern den Verstand und erzeugen Vertrauen, Konzentration und Bewusstsein sowie Energie, Ausdauer und friedvolle Gelassenheit. Je mehr Sie die beiden Zen-Eigenschaften „Gegenwart" und „Bewusstsein" pflegen, desto leichter werden Sie Ihre Diätziele erreichen.

Trotz der aufeinander im Verlauf des Buches aufbauenden Kapitel steht jedes Kapitel für sich. Sie können direkt zu den Kapiteln gehen, die Ihnen das benötigte Rüstzeug bereitstellen, um weniger zu essen, mehr zu verbrennen und auf dem richtigen Weg zu bleiben.

Der Einführungs-Teil 1, **Ändern Sie Ihre Sichtweise,** lädt Sie ein, den Abnehmprozess unvoreingenommen, mit totaler Selbstakzeptanz und neu gewonnenem Vertrauen zu betrachten.

Teil 2, **Das NINJA-System®: Veränderung ohne Leiden,** stellt eine einfache, aber leistungsstarke Technik zur Pflege guter Gewohnheiten vor – ein unverzichtbares

Werkzeug, mit dem Sie alle Ihre Ziele erreichen können. Sie lernen, achtsames Bewusstsein zu praktizieren sowie eine unvoreingenommene Beziehung zu Ihren eigenen Gedanken und Emotionen zu entwickeln. Sie werden lernen, Ihren Verstand in einen Verbündeten und nicht in einen Feind zu verwandeln.

Teil 3, **Essen Sie weniger,** bietet eine umfassende Zusammenstellung praktischer Methoden, die Sie einfach und leicht in Ihren Alltag einbringen können. Sie lernen, die **drei „*zu*"** zu vermeiden: *zu* viel essen, *zu* schnell und *zu* lange essen. Sie werden diese drei „zu" durch die **drei „s"** ersetzen können: **s**pärlichere Portionen essen, **s**tückchenweise und langsamer essen sowie früher mit dem Essen **s**toppen.

Teil 4, **Herausforderungen beim reduzierten Essen: Achten Sie auf Ihren S.T.E.P.,** **S**tress, **T**äuschung, **E**motionen, **P**ersönlichkeitsprobleme sind Hindernisse mit denen jeder beim disziplinierten Einhalten eines Diätprogramms konfrontiert wird. Sie erhalten hilfreiche Vorschläge zum Umgang mit Stress, Täuschungen im Sinne von Versuchungen, Emotionen/Gefühlen sowie Persönlichkeitsproblemen. Sie lernen Methoden, die Sie bei der Bewältigung der Hochs und Tiefs im Laufe des Abnehmprozesses unterstützen.

Teil 5, **Verbrennen Sie mehr,** erklärt, wie wichtig es ist, Ernährung und Sport im Gleichgewicht zu halten, und versorgt Sie zudem mit tief greifenden aber einfachen Methoden zur Verbesserung Ihrer Sportgewohnheiten.

Das *beste Diät-Buch aller Zeiten* schließt in Teil 6, **Bleiben Sie bei der Ernährung und im Leben auf dem richtigen Weg,** mit Leitlinien für die langfristige Einhaltung Ihres Abnehmprogramms. Diese Phase erweist sich oft als noch schwieriger als das eigentliche Abnehmen. In den letzten Kapiteln erfahren Sie, wie Sie die Grundsätze und Praktiken aus diesem Buch auf alle Aspekte Ihres Alltags anwenden können.

P.S. Dieses Buch soll weder eine medizinische Beratung durch einen ausgebildeten Arzt ersetzen noch ist es für Personen mit schweren Essstörungen bestimmt. Lesern wird geraten, einen Mediziner oder einen anderen Gesundheitsexperten zwecks Behandlung ihrer medizinischen Probleme zu konsultieren. Der Verlag und die Autoren übernehmen keinerlei Verantwortung für mögliche Konsequenzen, die sich für eine Person durch eine Behandlung, Handlung oder Anwendung von Arzneimitteln, Kräutern oder Präparaten ergeben, die basierend auf ausdrücklichen oder indirekten Informationen in oder aus diesem Buch erfolgten.

Joseph Parent
Lars Frormann

Danksagung

Es gibt viele Menschen, denen wir für ihren Beitrag zur Entstehung dieses Buches dankbar sind. Welche Weisheit auch immer in dieser Arbeit zum Ausdruck gebracht wird, wir haben sie von den Lehrern, dem ehrwürdigen Vidyadhara Chögyam Trungpa Rinpoche, dem Vajra Regent Ösel Tendzin und dem ehrwürdigen Khenchen Thrangu gelernt.

Sie haben aufgezeigt, was es bedeutet, in der Gegenwart mit bedingungsloser Zuversicht, Weisheit, Freundlichkeit und Mitgefühl zu leben. Wir zollen vielen anderen großen Meistern und Meditationspraktikern, bei denen wir das Privileg hatten zu lernen, einschließlich der langjährigen Freundin Pema Chödrön, Anerkennung.

Vielen Dank an zahlreiche liebe Freunde, die unsere Arbeit im Laufe der Jahre unterstützt und gefördert haben.

Last but not least, sind wir unseren Frauen und unseren Familien unendlich dankbar dafür, dass sie uns zu unserer Arbeit an diesem Buch ermutigt haben.

XVI Danksagung

Wir sind allein verantwortlich für alles, was in diesem Buch nicht klar dargestellt wurde. Alle Einsichten oder Nutzen, die sich aus dieser Arbeit ergeben haben, sind allein auf die Freundlichkeit unserer Lehrer zurückzuführen.

Inhaltsverzeichnis

1 Ändern Sie Ihre Sichtweise — 1

2 Das NINJA-System® Veränderung ohne Leiden — 25

3 Essen Sie weniger — 55

4 Herausforderungen beim reduzierten Essen — 91

5 Verbrennen Sie mehr — 111

6 Bleiben Sie bei der Ernährung und im Leben auf dem richtigen Weg — 125

Anhang — 145

Referenzen und empfohlene Literatur — 155

Über die Autoren

Dr. Joseph Parent ist ein angesehener Autor, Sprecher und Coach von Leistungspsychologie für Business, Sport und Wellness in den USA. Er hat seinen Doktor der Philosophie an der Colorado-Universität gemacht. Seit den 70er Jahren studiert, praktiziert und lehrt er als ein ehemaliger Schüler von Ven. Chögyam Trungpa, einem der großen Lehrer, die aus Tibet in den Westen kamen, achtsames Bewusstsein sowie die Prinzipien der Psychologie und Kommunikation in der buddhistischen Tradition.

Dr. Parent ist Autor des Bestsellers *ZEN GOLF: das mentale Spiel meistern* (1 Mio. Exemplare weltweit in Print-, Digital- und Audioformaten) sowie von mehreren anderen Büchern. Er steht in der ganzen Welt für Coachings in den Bereichen Business, Sport und Wellness per Sprach- oder Videoanruf zur Verfügung.

Informationen zu Dr. Parents Vorträgen und Coaching, persönlich und per Sprach- oder Videoanruf überall auf der Welt sowie zu seinen Audio- Video- und Online-Lehrmaterialien finden Sie unter: drjoeparent.com bzw. info@drjoeparent.com

Prof. Dr.-Ing. Lars Frormann ist ein führender Coach und Lizenzgeber für Business-, Ernährungs- sowie Mentalcoaching (www.r-e-m-i-n-d.de).

Prof. Frormann hat seinen Doktor des Maschinenbaus an der Technischen Universität Clausthal gemacht. Seit 2000 lehrt und coacht er als langjähriger Schüler von Aikido und Iaido in achtsamer Handlungskompetenz und Management.

Prof. Frormann hat auf zahlreichen Konferenzen und Veranstaltungen, Managementtrainings und Schulungsprogramme für eine Vielzahl von Unternehmern gehalten. Er bietet Training zu achtsamem Bewusstsein, Firmenseminare und Führungskräfte-Coachings an. Weitere Informationen zu seiner Arbeit sowie Teilnahme- und Kooperationsmöglichkeiten finden Sie auf der Homepage: www.r-e-m-i-n-d.de

BUSINESS-, ERNÄHRUNGS- UND MENTALCOACHING

mit

PROF. DR. LARS FRORMANN

Hauptredner
Lizenzgeber
Führungskräfte-Coaching
Europaweite Seminare zu Achtsamkeit
Unternehmens-, Ernährungs- und Mentalcoaching
Privatunterricht

Informationen zu Prof. Frormanns Vorträgen und Coachings, persönlich oder per Sprach-/Videoanruf überall auf der Welt, sowie zu seinen Audio- Video- und Online-Trainings bekommen Sie unter:

Lars.Frormann@r-e-m-i-n-d.de

oder

www.r-e-m-i-n-d.de

1

Ändern Sie Ihre Sichtweise

„Gemäß der Definition von Wahnsinn hofft man, durch permanente Wiederholung einer identischen Handlung ein anderes Ergebnis zu erzielen. Wir können Probleme nicht mit der gleichen Denkweise lösen, mit der wir sie geschaffen haben."

(Albert Einstein)

So wertvoll wie Gold

> **Beispiel**
>
> Es war einmal ein junges Mädchen, das eine kleine Tonstatue hatte, ein Familienerbstück. Sie hatte sich immer gewünscht, dass diese Statue aus hellem glänzendem Gold statt aus schlichtem braunem Ton wäre. Als sie alt genug war, um sich etwas Geld mit kleinen Jobs zu verdienen, sparte sie ihren Lohn, bis sie sich ihr spezielles Vorhaben

> leisten konnte: Sie brachte die Statue zu einem Juwelier, um sie mit Gold beschichten zu lassen.
>
> Jetzt entsprach das Aussehen der Statue genau ihren Wünschen, und die Leute bewunderten das Familienerbstück. Das Mädchen war sehr stolz auf ihre goldene Statue. Die Vergoldung hielt jedoch nicht besonders gut auf dem Ton, so dass sie schon bald an manchen Stellen abblätterte. Also ließ das Mädchen die Statue wieder vergolden. Bald verbrachte sie ihre ganze Zeit mit Geld verdienen, um die goldene Fassade ihrer Statue aufrechtzuerhalten.
>
> Eines Tages kehrten ihre Großeltern von einer mehrjährigen Reise zurück. Das junge Mädchen zeigte ihnen begeistert, wie sie die Tonstatue in eine goldene Statue verwandelt hatte. Allerdings schien an einigen Stellen der Ton durch, was ihr etwas peinlich war.
>
> Lächelnd hielt die Großmutter die Statue liebevoll in ihren Händen. Sie befeuchtete ihr Taschentuch und rieb vorsichtig an einer der Stellen, an denen der Ton zu sehen war.
>
> „Vor vielen Jahren muss die Statue in den Schlamm gefallen und mit Lehm bedeckt worden sein. Als sehr kleines Kind konntest du den Unterschied nicht erkennen. Du hast es auch vergessen und dachtest, es sei nur eine Ton-Statue. Aber schau hier."
>
> Wo sie gerieben hatte, schien ein leuchtendes Gelb durch.
>
> „Du hättest die Statue nie mit Gold beschichten lassen müssen, um den Ton zu verdecken. Du hättest lediglich vorsichtig den Ton entfernen müssen, und schon offenbart sich die massive Goldstatue, die du die ganze Zeit über besessen hast."

Du bist das Gold. Das ist dein Wesen, deine Natur.

Jeder hat die Fähigkeit, die einfache Freude, lebendig zu sein, zu würdigen und zu schätzen. Es ist die Freude, die Sie beim Anblick eines spektakulären Sonnenuntergangs, beim Klang eines schönen Musikstücks oder beim Lächeln eines geliebten Menschen empfinden. Es ist eine Erfahrung von natürlichem Reichtum.

1 Ändern Sie Ihre Sichtweise

Eines der Grundprinzipien der Zen-Tradition ist, dass der Mensch von Natur aus grundsätzlich gut ist. Der Glaube an Ihre grundlegende Güte ist das Vertrauen, dass nichts an Ihnen fehlerhaft ist; nichts fehlt.

Diese Sichtweise von Reichtum ist nicht allzu üblich. Viele Menschen betrachten Diäten mit einer Art „Armutsmentalität". Wie oft haben Sie sich nach einem Ausrutscher oder einem Gelage wie ein Versager gefühlt? Das kommt aus dem irrigen Glauben, dass man, um seinem *eigenen Wunschbild* zu entsprechen, anders sein muss als man ist.

Wenn sich unsere Erfahrungen von Angst sowie Selbstzweifeln anhäufen und unsere Verbindung mit der grundlegenden Güte verschleiern, verspüren wir das Bedürfnis, unseren Wert zu beweisen. Wir denken, dass das einzige Heilmittel für solche Gefühle der Unzulänglichkeit darin besteht, uns in etwas Besseres zu vergolden.

Sie kämpfen nicht, um abzunehmen oder Ihr Gewicht zu halten – sondern, weil etwas Grundlegendes mit Ihnen nicht stimmt.

Die wahren Ursachen sind negative Einstellungen zu sich selbst, falsche Vorstellungen von Diäten und nicht hilfreiche Gewohnheiten, die sich im Laufe der Zeit aufgebaut haben. Sie sind der Ton.

Es ist nicht notwendig, sich selbst zu vergolden und damit Aspekte zu vertuschen, die Ihnen das Gefühl von Unsicherheit oder Peinlichkeit geben. Sie müssen nur vorsichtig beginnen, den Ton zu entfernen, d. h. eine positivere Einstellung zu sich selbst einzunehmen, neue Sichtweisen auf Diäten zu gewinnen und einige Ihrer nicht hilfreichen Gewohnheiten abzustellen.

Denken Sie daran, dass Sie das Gold sind, das *immer* unter der Oberfläche vorhanden ist. Wenn Sie Ihre „Armutsmentalität" gegen eine „Reichtumsmentalität" austauschen, wird ein schlechter Tag Ihr Selbstwertgefühl nicht untergraben. Selbst inmitten von Kämpfen oder Entmutigungen kann es einen freudigen Moment geben, der Sie mit dem Herzen der Güte verbindet – wie Sonnenstrahlen, die sich durch dunkle Wolken ergießen. Diese Momente zu schätzen, kann Ihre Einstellung verändern.

Es ist wichtig, den Unterschied zwischen Ihrem Wesen und Ihren Gewohnheiten zu erkennen. Wenn sie Ihr Handeln als Teil Ihres Wesens ansehen – „So bin ich eben"–, erscheint es Ihnen undurchführbar und unveränderlich zu sein. Sehen Sie Ihr Handeln jedoch als Gewohnheit an – „Das scheine ich häufig zu tun" – besteht immer die Möglichkeit, es zu ändern.

Mit der Erkenntnis, dass grundlegende Güte Ihr wahres Wesen ist, öffnen Sie die Tür, um bedingungslose Zuversicht zu erfahren. Sie werden sich befähigt fühlen, Gewohnheiten zu bezwingen, die Sie bisher behindert haben, sodass Sie jetzt die nötige Freiheit bekommen, um Ihre Ziele der Gewichtsabnahme oder des Gewichthaltens zu erreichen.

Dieses Mal wird es anders

> „Schlechte Entscheidungen sind die, durch die Sie zunehmen; bessere Entscheidungen sind die, durch die Sie abnehmen. Ihr Gehirn und auch Ihr Körper werden besser auf die von Ihnen vorgenommenen Veränderungen reagieren, als Sie denken." (aus einem Ärzte-Interview in der Mayo-Klinik)

Sie haben vielleicht versucht, Diät zu halten und hart gekämpft, um abzunehmen. Oder es ist Ihnen gelungen, abzunehmen, aber Sie konnten das geringere Gewicht nicht halten. Sollte das der Fall sein, sind Sie wahrscheinlich mit einer Armutsmentalität an die Diät herangegangen:

1 Ändern Sie Ihre Sichtweise

„Was ist los mit mir? Wie konnte ich bloß so zunehmen? Warum kann ich mich nicht an eine Diät halten?" Wenn Sie glauben, dass mit Ihnen etwas nicht stimmt, werden Sie letztendlich Ihre eigenen Bemühungen sabotieren und scheitern.

> Ich hatte nie eine Chance. Meine Mutter sagte mir, dass ich aufgrund eines Essproblems immer übergewichtig sein würde. Wann immer ich eine Diät machte, wusste ich, dass ich sie irgendwann vermasseln würde und gab so bei der geringsten Entmutigung auf.

In unserer Kindheit wurde uns mitgeteilt, dass wir für schlechtes Benehmen bestraft würden. Wenn wir uns schlecht fühlen, weil wir übergewichtig sind, werden wir Diäten wahrscheinlich als eine Form der Selbstbestrafung betrachten. Wir entschließen uns zu einer Diät, aber beginnen damit – als würden wir in ein Gefängnis gehen – mit unangenehmen Einschränkungen, die uns als die Buße auferlegt wurde, die wir verdienen.

Traditionelle Diäten passen nur zu gut zu diesem Ansatz. Sie enthalten oft schroffe „Du solltest" bzw. „Du solltest nicht"-Befehle. Ihnen wird gesagt, was, wann und wie viel Sie essen dürfen und was tabu für Sie ist. Die Diäten gehen davon aus, dass Sie nicht in der Lage sind, Essen zu widerstehen oder gute Entscheidungen zu treffen; daher müssen Sie sich einem Abnehm-Programm unterwerfen, das die Entscheidungen für Sie trifft.

Einige Diäten erlauben Ihnen Tage, an denen Sie sich nicht an den Diätplan halten müssen; da sie diese Tage aber als „Schummel-Tage" bezeichnen, löst das in Ihnen ein Schuldgefühl und schlechtes Gewissen aus. Und am nächsten Tag ins „Diät-Gefängnis" zurückzukehren, ist noch quälender als zuvor.

Irgendwann beginnen Sie sich zu ärgern, dass Sie keine Kontrolle über sich selbst haben, sondern bestraft werden und in einem „Diät-Gefängnis" eingesperrt sind. Sie werden auch die Diät hassen, wenn Sie diese nur halten, um für andere statt für sich selbst attraktiv zu sein. Ressentiments führen schließlich zur Rebellion; folglich sabotieren Sie Ihre Bemühungen und geben die Diät auf.

> Ich erlaube mir einen Ausrutscher am Freitag, sage ich mir selbst. Ich fange am Montag wieder mit der Diät an und habe einen „Freifahrtschein" für das Wochenende. Ich fliehe aus dem Diät-Gefängnis und fahre zu einem Gelage!

Sie erfreuen sich an Ihrer vorübergehenden Freiheit, aber Sie empfinden Reue und Schuld *(Warum habe ich das getan? Ich kann bei einer Diät nie eisern bleiben!)* oder Sie schimpfen über die Diät *(Noch so eine lausige Diät, die nicht funktioniert!)*.

Da Sie sich wegen Ihres Übergewichts schlecht fühlten, haben Sie als Strafe mit einer Diät begonnen. Auf Diät zu sein, fühlt sich wie eine Inhaftierung an; deshalb sind Sie aus diesem Gefängnis geflohen. Jetzt fühlen Sie sich schlecht, weil Sie die Diät abgebrochen haben und geißeln sich für dieses Versagen. Sie fühlen sich nur besser, wenn Sie essen und brauchen dann wieder eine Diät.

Sie befinden sich in einem Hamsterrad, aber das muss nicht so sein.

Inhaftierung oder Ermächtigung/Befähigung?

Diesmal wird es anders sein. Das haben Sie vielleicht schon gehört (oder haben es sich selbst gesagt), aber dieses Mal kann es tatsächlich wahr werden.

Warum wird es anders sein? Es wird anders sein, weil Sie dieses Mal ermächtigt sind, sich auf der Grundlage

Ihrer persönlichen Vorlieben zu ernähren anstatt Regeln und Vorschriften befolgen zu müssen. Dieses Mal können Sie Entscheidungen treffen: Was, wann und wie viel Sie essen, liegt ganz bei Ihnen. Niemand wird Ihnen sagen, was Sie nicht tun dürfen oder was Sie tun müssen. Es ist viel wirkungsvoller, wenn Sie selbst entscheiden, in welcher Beziehung Sie zu Essen und Sport stehen.

Dies genau charakterisiert das *Positive Auswahl Modell* zum Abnehmen. Dieses Mal können Sie die persönliche Verantwortung übernehmen, indem Sie Entscheidungen treffen, die Ihrer Absicht entsprechen. Da Sie sich selbst als Gold und nicht als Ton ansehen, ist Ihre Entscheidung wie Sie Diät halten, positiv. Wie Sie essen und Sport treiben, basiert auf fester Überzeugung sowie Willensstärke und nicht auf Angst oder einer schwach ausgeprägten Willenskraft. Das Treffen positiver Entscheidungen ist für die Selbstermächtigung von grundlegender Bedeutung. Je mehr Erfolg Sie mit solchen Entscheidungen haben, desto fähiger werden Sie sich gegenüber Herausforderungen fühlen.

Verantwortung zu übernehmen ist eine positive Entscheidung. Sie entscheiden sich in einer Weise zum Essen und Sport treiben, die Ihre Absicht der Gewichtsabnahme unterstützt, anstatt das Gefühl zu haben, als Strafe für Ihr Übergewicht entmachtet zu werden. Sehen Sie Lebensmittel, die nicht gesund oder wenig hilfreich für Ihre Gewichtsabnahme sind, fühlen Sie sich jetzt *ermächtigt* zu sagen: „Ich brauche die nicht" anstatt sich darüber zu ärgern, „sie nicht haben zu dürfen."

Fortschritte auf Ihrem Weg der Gewichtsabnahme werden auf Ihrer positiven Entscheidung basieren, weniger zu wiegen und besser in Form zu sein. Dies erfordert am Anfang einige Anstrengungen, aber Sie werden sehen, dass sich die Ergebnisse lohnen, weil *Sie es wert sind!*

Diese Brille ist perfekt für mich

Was ist das beste Abnehm-Programm für Sie?

Die meisten Diät-Bücher stellen ein Programm vor, das für alle funktionieren soll. Sie empfehlen Änderungen zur Ernährungsweise und sportlichen Betätigung einer Person und pressen alle Leute in dieses Programm, als wäre dies die einzig richtige Diät überhaupt.

Stellen Sie sich vor, Sie gehen zum Augenarzt, um sich eine neue Brille verschreiben zu lassen. Der Arzt bittet Sie auf den Untersuchungsstuhl, nimmt die Brille, die er selber trägt, ab und reicht sie Ihnen mit den Worten: „Diese Brille ist perfekt für mich. Also verschreibe ich sie auch jedem meiner Patienten."

Wie schnell würden Sie aus dieser Praxis Reißaus nehmen? Niemand würde einen solchen Augenarzt wollen. Schließlich brauchen Sie Ihr eigenes, für Sie passendes Rezept und nicht das eines anderen Menschen.

Einige Diät-Programme empfehlen, kleine Mahlzeiten über den ganzen Tag hinweg zu planen; andere bevorzugen drei ausgewogene Mahlzeiten und keine Snacks. Manche Menschen langweilen sich und brauchen Abwechslung; andere kommen mit einem festgelegten Menü besser zurecht. Eines ist sicher: keine Diätformel funktioniert für alle.

> „Es scheint keine „richtige" Diät zu geben, und es scheint keine Beweise dafür zu geben, dass eine bestimmte Diät besser mit dem spezifischen Stoffwechsel einer Person funktioniert. Es gibt keine magische Diät. Wir wissen, dass so ziemlich jede [vernünftige] Diät Ihnen bei der Gewichtsabnahme helfen wird, wenn Sie sie befolgen."
> (aus einem Ärzte-Interview in der Mayo-Klinik)

1 Ändern Sie Ihre Sichtweise

Innerhalb des Grundgerüsts mit den Pfeilern „weniger essen", „gesünder essen" und „mehr Sport treiben" bestimmen individuelle Unterschiede, was bei jeder Person am besten funktioniert.

Die meisten Diäten sagen Ihnen, was zu essen bzw. nicht zu essen ist: viel Kohlenhydrate, wenig Kohlenhydrate; proteinreich, proteinarm; fettreich, fettarm; Vollkorn, ohne Körner; viele Milchprodukte, keine Milchprodukte – die Liste ist lang. Und es scheint sich regelmäßig zu ändern. Sind Kaffee, Wein oder Schokolade gut oder schlecht für Sie? Wenn Ihnen die Antwort nicht gefällt, überprüfen Sie sie in ein paar Monaten.

Nachstehende Szene spielt in der fernen Zukunft: zwei Ärzte sprechen über einen Mann, der nach einem 200-jährigen Schlaf wiederbelebt wurde:
„Hat er etwas Besonderes verlangt?"
„Ja. Zum Frühstück bat er um etwas, das sich Weizenkeime, Biohonig und Tigermilch nannte."
„Ach ja, das waren die verzauberten Substanzen, bei denen man vor einigen Jahren das Gefühl hatte, dass sie lebenserhaltende Eigenschaften hatten."
„Du meinst, es gab kein Fett zum Frittieren? Kein Steak oder Sahnekuchen oder heiße Schokolade?"
„Diese galten als ungesund. Genau das Gegenteil von dem, was unserer Kenntnis nach heutzutage gesund ist."
„Unglaublich!"
(aus der Sci-Fi Filmkomödie *Sleeper*)

Nahrungsmarotten kommen und gehen. Deshalb finden Sie in diesem Buch weder Rezepte, Speisepläne noch Listen mit benötigten oder verbotenen Lebensmitteln.

Sie finden hingegen in diesem Buch Erklärungen zu Meinungen, Fähigkeiten und Strategien, die Ihnen bei der Auswahl sowie Durchführung Ihres idealen Diät-Programms – des Programms, bei denen Ihre Chancen auf Erfolg am größten sind – helfen.

> Ich liebe an diesem Buch, dass ich essen kann, was ich will! Gleichzeitig hat es mir geholfen, Entscheidungen zu treffen, weniger zu essen, früher mit dem Essen aufzuhören und auf einige ungesundere Lebensmittel zu verzichten. Und die Verwirklichung dieser einfachen, schmerzlosen Veränderungen hat zu einem Gewichtsverlust von circa 2,7 kg im ersten Monat geführt.

Zuerst müssen Sie sich zu der Bereitschaft entschließen, sich zur Aufnahme einer Diät zu verpflichten. Denken Sie über Ihre aktuellen Ess- und Sportgewohnheiten nach. Ihr Diätplan sollte das, was Sie bereits gut machen, untermauern und Alternativen zu den zu ändernden Gewohnheiten aufzeigen. Dieses Buch bietet Ihnen das Rüstzeug, mit dem Sie diese Änderungen vornehmen können.

Bei der Anwendung der hier erklärten Techniken denken Sie bitte daran, dass diese nicht in Stein gemeißelt sind. Obwohl die Prinzipien, wie Geist und Körper funktionieren, universell sind, ist die ideale Kombination von Methoden zur Gewinnung und Anwendung dieser Erkenntnisse für Sie völlig einzigartig. Sie bieten Ihnen Möglichkeiten zu Erkenntnissen auf Ihrem persönlichen Weg der Gewichtsabnahme.

> **Bitte beachten Sie** Sie sollten den Rat eines qualifizierten Arztes einholen, bevor Sie mit einer neuen Diät, einer neuen Sportart oder einem anderen Wellnessprogramm beginnen.

Leeren Sie Ihre Tasse

> **Beispiel**
>
> Ein junger Mann las alle Bücher, die er über Zen finden konnte. Er hörte von einem großen Zen-Meister und bat um einen Termin bei ihm, um ihn um Unterricht zu bitten. Als sie sich hingesetzt hatten, erzählte der junge Mann dem Meister alles, was er aus seiner Lektüre begriffen hatte.
> Nach einiger Zeit schlug der Meister vor, Tee zu trinken. Er vollzog die traditionelle Teezeremonie, während der Schüler aufmerksam dabeisaß, sich verbeugte, als der Tee serviert wurde, und kein Wort sprach. Der Meister begann, Tee in die Tasse seines Schülers zu gießen. Er hörte mit dem Eingießen nicht auf, auch als die Tasse randvoll war, so dass der Tee schließlich über den Tassenrand hinweg auf den Tisch und Fußboden lief. Letztendlich konnte der Schüler nicht mehr an sich halten und rief laut: „Halt! Hören Sie mit dem Einschütten auf! Die Tasse ist voll – mehr passt nicht rein!"
> Der Meister hörte mit dem Eingießen auf und sagte: „Genau wie diese Tasse ist dein Geist voll von deinen eigenen Meinungen und Vorurteilen. Wie kannst du etwas dazulernen, wenn du deine Tasse nicht vorher entleerst?"

Vielleicht haben Sie schon viele verschiedene Diäten ausprobiert und haben bereits eine ganze Reihe konkreter Vorstellungen davon, was funktioniert und was nicht. Wenn Sie Ihren Verstand verschlossen haben und Sie nicht offen dafür sind, etwas Neues auszuprobieren, ist Ihre Teetasse voll.

Der Ansatz „leere Teetasse" bedeutet nicht, dass Sie Ihre Intelligenz auf Eis legen und blind folgen sollen. Es geht darum, alles Neue offen und unvoreingenommen in sich aufzunehmen und sich mit einem Urteil zurückzuhalten, bis man sich etwas tiefer in die Materie eingearbeitet hat. Versuchen Sie Ihr Bestes, um zu verstehen, was beschrieben wird, dann geben Sie diesem eine faire Chance, um herauszufinden, ob es für Sie geeignet ist.

Bevor Sie mit einem neuen Abnehm-Programm beginnen, sollten Sie Ihre vielleicht schon seit einer ganzen Weile angestellten Vermutungen über Diäten überprüfen. Kaufen Sie nicht automatisch die neuesten Informationen aus dem Netz, die Ihnen sagen, was gut oder schlecht für Sie ist. Gemäß dem Computer-Fachjargon müssen Sie „Ihren Cache leeren".

Shunryu Suzuki Roshi, ein großer Zen-Meister, sagte: „Im Kopf des Anfängers gibt es viele Möglichkeiten; im Kopf des Experten jedoch nur wenige." Der Geist des Anfängers ist frei von Vorurteilen; er ist wissbegierig, empfänglich für alles Eintretende und bereit, sich zu beteiligen.

Es spielt keine Rolle, wie viele Informationen Sie über Diäten zusammengetragen haben; Sie können immer einen Neuanfang machen und zum Geist eines Anfängers zurückkehren.

Denken Sie über den Tellerrand hinaus

> „Die Übungen, die ich am häufigsten mache, sind, die Fakten zu überspringen und voreilige Schlüsse zu ziehen."
> (Gemütsverfassung bei einer Diät)

Wir packen Informationen über uns bekannte Menschen und erlebte Dinge in mentale Schubladen. Dies hilft uns, uns eine sehr komplexe Welt zusammenzureimen. Aufgrund der Fülle der Informationen ist es unmöglich, sie alle zu behalten. Basierend auf früheren Erfahrungen filtert unser Gehirn bestimmte Dinge heraus und legt den Rest in den entsprechenden „Schubladen" ab.

1 Ändern Sie Ihre Sichtweise

Ebenso wichtig wie das Leeren Ihrer Tasse ist es, außerhalb Ihrer „Diätschublade" – also über den Tellerrand hinaus – zu denken. Vielleicht vermuten Sie, dass Diäten außergewöhnliche Willenskraft kosten und unweigerlich mit viel Selbstbestrafung sowie Entbehrung verbunden sind. Möglicherweise glauben Sie zum Abnehmen nicht in der Lage zu sein und das Diäten bei Ihnen einfach nicht funktionieren. Aber all das entspricht nicht unbedingt der Wahrheit. Werden Sie sich Ihrer falschen Vermutungen bewusst und befreien Sie sich von den falschen Vorstellungen, die Sie bisher von einer Diät abhielten. Seien Sie offen für die Möglichkeit, vielleicht eine ganz andere Erfahrung mit einer Diät zu machen.

Der erste Schritt auf Ihrem Weg zum Gewichtsverlust besteht darin, alle Ihre negativen Vorstellungen über Diäten fallenzulassen (oder zumindest auszusetzen).

Stattdessen gehen Sie mit einer positiven Entscheidung an die Diät heran.

Der Ursprung des Wortes „Diät" stammt vom griechischen Wort *diaita,* was „Lebensweise" bedeutet. Denken Sie über Ihre Schublade hinaus, öffnet sich die Tür zu einer neuen Einstellung zum Essen – einer neuen Lebensweise, die Ihnen helfen wird, Ihr Wunschgewicht zu erreichen!

Ein Blick in die Zukunft

Wenn wir wirklich gesund sein und uns wohlfühlen wollen, warum ist es dann so schwierig, die Veränderungen vorzunehmen, die uns in diese Richtung bringen?

Um eine positive Entscheidung zwecks Abnahme und Änderung von Gewohnheiten zu treffen, müssen Sie einen starken Wunsch und den Willen haben, dies zu tun. Das Problem besteht darin, dass Sie erst nach einer gewissen

Zeit die Vorteile Ihrer Diät am eigenen Leib erfahren, denn Sie werden über Nacht weder ein niedrigeres Gewicht auf Ihrer Waage sehen noch in eine kleinere Kleidergröße passen. Sie müssen sich also *jetzt* anstrengen, werden aber *erst später* dafür belohnt. Das ist leicht gesagt, aber wenn Sie Versuchungen ausgesetzt sind, setzt sich in der Regel der Wunsch nach sofortiger Befriedigung und Zufriedenheit durch.

Das Zielgewicht auf der Waage scheint weit weg und vielleicht unrealistisch zu sein. Abnehmen für Ihre Gesundheit ist eine nette Idee, die aber leicht wegrationalisiert werden kann.

> Woher weiß ich, dass ich mich besser fühlen werde? Selbst wenn ich abnehme, könnte ich trotzdem krank oder von einem Bus erfasst werden. Ich werde eines Tages sowieso sterben – warum nicht mit einem Bauch voller Schokoladeneis?

Nur zu hören, wie viel besser Sie sich fühlen werden, wird nicht ausreichen. Egal, wie häufig Ihnen gesagt wird, dass Diäten gut für Sie sind – dass Sie besser aussehen und sich besser fühlen werden – es sind letztlich alles nur Worte, die wie jede Menge „Bla, bla, bla…" klingen.

Was Sie brauchen, ist eine Veranschaulichung als Beweis, dass sich die Anstrengungen, mit einer Diät zu beginnen und Ihre Gewohnheiten zu ändern, lohnt. Worte werden Sie nicht überzeugen, nur Erfahrungen werden das schaffen. Das Versprechen einer besseren Zukunft deckt sich nicht mit dem Gefühl von Wohlbehagen, das Ihnen Essen *jetzt im Augenblick* verleiht. Das gilt vor allem dann, wenn Sie zwecks Abbau von Stress, Depressionen oder Langeweile essen.

Es ist einfach schwer vorstellbar, leichter sowie dünner zu sein.

1 Ändern Sie Ihre Sichtweise

Jetzt kommt die gute Nachricht: Sie können tatsächlich im Voraus *fühlen*, wie viel besser es sein wird, weniger zu wiegen! Es gibt eine Möglichkeit, einen Blick in die Zukunft zu werfen; über eine Art Brücke dorthin zu gehen, wo Sie nach Erreichen Ihres Ziels stehen könnten.

Die „Wiege weniger"-Übung lässt Sie erleben, wie es sich anfühlt, leichter und schlanker zu sein. Dieses Gefühl wird Ihre Absicht, abzunehmen, verstärken. Es wird Sie inspirieren, Trägheit zu überwinden und Maßnahmen zu ergreifen.

„Wiege weniger"-Übung

Möchten Sie sofort erleben, wie gut Sie sich fühlen werden, wenn Sie buchstäblich leichter auf Ihren zwei Beinen stehen?

Packen Sie 4,5–9,0 kg Lebensmittel in eine Einkaufstasche.

> **Bitte beachten Sie** Das Gewicht der gefüllten Einkaufstasche hängt von Ihrem Gewicht ab. Bitte achten Sie darauf, nicht mehr als 10 % von Ihrem Körpergewicht und nicht mehr als ca. 9,0 kg einzupacken.

Setzen Sie sich auf die Vorderkante eines stabilen Stuhls ohne Rollen und halten Sie die Tasche vor den Bauch. Dann stehen Sie auf. Sie werden spüren, wie sehr Sie sich dabei anstrengen müssen. Wiederholen Sie dies drei Mal.

Als nächstes legen Sie die Tasche beiseite und stehen ohne das zusätzliche Gewicht auf.

Spüren Sie, wie viel einfacher es ist und wie gut es sich anfühlt, wenn Ihre Beine und Knie weniger Gewicht tragen müssen. Jetzt erkennen Sie, dass Ihre Beine und Knie vielleicht gar nicht schwach, sondern einfach nur überstrapaziert sind!

Als nächstes nehmen Sie die Tasche hoch und laufen mit ihr 1–2 min herum. (Sie können ein paar Treppen steigen, solange Sie sich nicht überanstrengen.) So wird es sich anfühlen, wenn Sie diese zusätzlichen Pfunde zunehmen. Sollten Sie nicht sicher sein, dass Sie zum *Abnehmen* bereit sind, könnte Sie dies zumindest inspirieren, Änderungen vorzunehmen, damit Sie nicht *zunehmen*.

Bei der „Wiege weniger"-Übung erleben Sie unmittelbar und direkt, wie es sich anfühlt, leichter zu sein. Sie werden ermutigt, die positiven gesunden Entscheidungen zu treffen, weniger sowie besser zu essen.

> Ich habe die „Wiege weniger"-Übung gemacht, indem ich mit zwei 4,5 kg-Hanteln herumgelaufen bin (das entspricht genau dem Gewicht, das ich abnehmen wollte). Ich glaubte, in ziemlich guter Verfassung zu sein, aber innerhalb kürzester Zeit raste mein Herz. Was für eine Last habe ich meinem Herz-Kreislauf-System auferlegt! Zu wissen, wie sich das anfühlte, machte es mir viel einfacher, mich für kleinere Portionen zu entscheiden und auf das Dessert zu verzichten.

Im Verlauf des Buches werden Sie daran erinnert, die „Wiege weniger"-Übung zu machen.

Sie ist ein wichtiger Motivator, der Sie inspirieren wird:

- umgehend mit der Diät zu beginnen,
- in Zeiten der Entmutigung oder ohne Gewichtsveränderung durchzuhalten und
- nach Erreichen Ihres Wunschgewichtes dieses zu halten.

Übergepäck

> **Beispiel**
>
> Die jemals am besten bewertete Folge der Oprah Winfrey-Show begann mit Oprahs Ankündigung: „Ich habe 30 kg abgenommen und passe zum ersten Mal seit sieben Jahren wieder in meine Calvin Klein-Jeans in Größe 10."
>
> Sie verließ die Bühne für einen Moment und schob dann einen roten Wagen mit einer großen Plastiktüte voll Fett auf die Bühne.
>
> Sie fuhr fort: „Für diejenigen unter Ihnen, die mit einer Diät beginnen – so sehen 30 kg Fett aus! Ich kann es nicht hochheben! Ist das genial, oder was? Es verwundert mich, dass ich es nicht hochheben kann, es aber jeden Tag mit mir herumgetragen habe! Mein armes Herz!"

Fluggesellschaften berechnen eine Gebühr für Übergepäck, das ein Flugzeug zusätzlich belastet. Je härter ein Flugzeug arbeiten muss, desto eher hat es eine Panne und muss repariert werden.

Wir sollten unseren Körper auf die gleiche Weise betrachten – je mehr wir wiegen, desto härter müssen wir arbeiten und desto wahrscheinlicher werden wir an gesundheitlichen Problemen leiden. Sie können gut zu sich selbst sein, indem Sie Ihren Knien, Füßen, Ihrer Hüfte und Ihrem Rücken weniger Last aufbürden.

Jede Kalorie, die Sie verbrauchen, aber nicht verbrennen, wird ihren Preis haben. Umgekehrt bedeutet jedes Kilo, das Sie abnehmen, mehr Energie, weniger Schmerzen und einen besseren gesundheitlichen Allgemeinzustand. Dies ist Teil des *Positive Auswahl Modells:* Sie entscheiden sich, weniger essen = weniger zu wiegen = weniger Schmerzen zu haben. Man kann die weit verbreitete Sportdevise wie folgt umformulieren: Statt „no pain, no gain" („ohne Schweiß kein Preis") bedeutet das Einhalten einer Diät „no gain, no pain!" (sinngemäß: „Keine Gewichtszunahme, keine Schmerzen!").

Über einen bestimmten Zeitraum nehmen die meisten Menschen ungefähr 0,45 kg pro 3500 Kalorien zu, die sie zu sich genommen, aber nicht verbrannt haben. Wenn Sie in der Regel pro Woche zwei Muffins à 450 Kalorien essen, können Sie auch gut ohne diese Süßigkeit leben und vermeiden eine Gewichtszunahme von ca. 0,45 kg pro Monat; das entspricht ungefähr 5,4 kg in einem Jahr! Das ist eine erhebliche zusätzliche Gepäckgebühr, die Sie sparen, indem Sie auf ein paar Muffins verzichten.

Denken Sie über die jüngsten Erfahrungen nach, die Sie mit körperlichen Schmerzen oder eng sitzender Kleidung gemacht haben und berücksichtigen Sie die Befreiung von diesen Leiden als Teil in Ihrer Gleichung „positive Entscheidung". Lohnt sich der durch das Tragen von Übergepäck hervorgerufene fortwährende Schmerz für das vorübergehende Vergnügen mehr zu essen? Oder essen Sie lieber weniger und fühlen sich leichter? Wenn Sie Zweifel haben, führen Sie die „Wiege weniger"-Übung durch, um sich selbst zu überzeugen.

Seien Sie nett zu sich selbst

> „Liebevolle Güte bedeutet nicht, zu versuchen, uns wegzuwerfen und zu jemand Besserem zu werden. Es geht darum, uns mit der Person anzufreunden, die wir schon sind." (Pema Chödrön, *Start Where You Are*)

Es ist sehr leicht, eine Diät als eine Form der Selbstbestrafung zu empfinden, was auf die Botschaft zurückzuführen ist, mit der wir aufgewachsen sind: Wir müssen uns selbst hart für einen gemachten Fehler bestrafen. Forschungsergebnisse zeigen jedoch, dass ein negatives

Feedback von anderen oder uns selbst nur die Gewohnheiten verstärkt, die wir uns abgewöhnen wollen. Je mehr wir uns selbst dafür bestrafen, zu einem Fress-Gelage zu gehen, desto mehr wird der Gedanke, gescheitert zu sein, in unseren Köpfen herumspuken und desto leichter werden wir aufgeben und in alte Verhaltensmuster zurückfallen.

Gefühle und Einstellungen geben Anlass zu Gedanken und Handlungen, die zu Gewohnheiten werden. Um Ihre Essgewohnheiten zu ändern, müssen Sie ihre Meinung über sich selbst ändern, einschließlich Ihrer Einstellung zum Essen und zum Sport. Anstatt sich selbst bei einem Rückfall hart zuzusetzen, treffen Sie die positive Entscheidung, freundlich und nett zu sich selbst zu sein.

Die Zen-Tradition spricht von einer *maitri*-Einstellung (ausgesprochen ‚mai-trie'), ein Sanskrit-Wort, das mit „liebevolle Güte" übersetzt wurde. Die ursprüngliche Bedeutung ist der Wunsch, dass alle glücklich sein sollen. Aber *maitri* bedeutet auch, sich mit sich selbst anzufreunden. Es ist die Anerkennung der grundlegenden Güte als Ihr wahres Wesen.

So können Sie sich gleichermaßen Ihre geistige Verwirrung als auch Ihren gesunden Verstand eingestehen, ohne ein hartes Urteil über sich zu fällen. Sie akzeptieren sich voll und ganz genau so, wie Sie sind. Eine einfache, direkte Beziehung zu Ihren Gefühlen und Handlungen ist Ausdruck bedingungsloser Freundlichkeit.

Man kann leicht die Begriffe „sich etwas gönnen" und „wirklich nett sein" verwechseln. Sollten Sie jedes Mal, wenn Sie gestresst sind, diesen Stress mithilfe eines Komfortessens (zu viel Zucker und Fett) lindern, ist das nicht wirklich freundlich. Es ist, als gäben Sie einem Kind jedes Mal Süßigkeiten, wenn es Ihnen damit in den Ohren liegt – die Kinder sind für eine Weile glücklich, aber dann bekommen sie Bauchschmerzen. Wenn Sie wirklich

Nahrung für Ihren Geist brauchen, sättigen Sie ihn nicht mit einem gut gefüllten Magen. Sie werden sich für eine Weile zwar gut fühlen, aber später umso schlechter, wenn Sie sich auf die Waage stellen.

Wenn es Ihr Ziel ist, an Ihrem Diät-Programm dranzubleiben, treffen Sie die Entscheidungen, die Ihnen dabei helfen. Freundlich zu sich selbst zu sein bedeutet, sein eigener bester Freund zu sein. Nehmen Sie eine unterstützende Haltung zu sich selbst ein und:

- ermutigen Sie sich, sich an Ihr Programm zu halten,
- erinnern Sie sich an Ihre Absicht, wenn Sie ins Schwanken/Zögern geraten,
- verzeihen Sie sich einen Ausrutscher,

wie ein guter Freund von Ihnen es ebenfalls täte.

Eine Freundin von mir war verärgert, dass sie bei einem verführerischen Abendessen viel zu viel gegessen hatte. Sie machte sich deswegen selber schlecht und beschimpfte sich. Ich sagte: „Hey, sprich nicht so über meine Freundin! Sie hat es nicht verdient! Sie mag einen Fehler gemacht haben, aber sie ist ein guter Mensch!"

Einführung in die Maitri-Übung

Setzen Sie sich zunächst bequem in einer guten aufrechten Haltung hin. Eine gute Körperhaltung macht es einfacher, tief zu atmen und aufmerksam zu bleiben.

Schließen Sie sanft Ihre Augen und lösen Sie jede Anspannung, die Sie fühlen.

Richten Sie Ihr Bewusstsein auf Ihre Körpermitte in Höhe Ihres Herzens. Sagen Sie zu sich: „Mein Wesen ist das Gold der grundlegenden Güte, und ich verdiene Frieden und Glück."

Aktivieren Sie alle negativen Gefühle zu sich selbst – Wut, Traurigkeit, Müdigkeit, etc.. Achten Sie darauf, wo Sie diese in Ihrem Körper fühlen.

Stellen Sie sich vor, dass Sie beim Einatmen die negativen Gefühle aus dem ganzen Körper in Ihrem sich auf der Höhe des Brustbeins befindendem Herzzentrum (Herzchakra) sammeln, wo sie sich auflösen.

Wie eine Klimaanlage, die heiße, stickige Luft in eine kühle, leichte Brise verwandelt, so verwandeln sich Ihre negativen Gefühle in Frieden und Zufriedenheit.

Beim Ausatmen strahlen Sie diesen Frieden und das Glücksgefühl von Ihrem Herzzentrum in alle Bereiche Ihres Körpers aus.

Wiederholen Sie ein paar Minuten lang diese Abfolge mit jedem Ein- und Ausatmen. Beenden Sie die Übung mit den Worten: „Ich spüre den Frieden und das Glück, das ich verdiene. Mögen auch andere den Frieden und das Glück spüren, das sie verdienen."

Bitte beachten Sie Personen mit Atemwegsproblemen sollten vor jeglicher Atemübung einen Arzt konsultieren.

Bedingungslose Zuversicht

„Zuversicht ist eine Einstellung, die das scheinbar Undurchführbare machbar macht; das bedeutet aber nicht, dass sich plötzlich alles zu unseren Gunsten entwickelt. Aber es bedeutet, dass wir das Leben auch dann schätzen können, wenn die Dinge nicht nach unseren Wünschen verlaufen. Wir haben die Ressourcen, um in der Herausforderung zu leben. Das ist der Ausdruck von Mut." (Ehrwürdiger Chögyam Trungpa, *Shambhala: The Sacred Path of the Warrior*)

Bedingungslose Zuversicht ist in der grundlegenden Güte und des *maitri* verwurzelt. Sie glauben an sich und sind freundlich zu sich, auch wenn Sie in irgendeiner Weise von Ihrem Diätprogramm abgewichen sind. Sie haben die Wahl, sich mit dem Gold Ihres Wesens oder dem Ton Ihrer Gewohnheiten zu identifizieren. Sie könnten in der Armutsmentalität verweilen, sich als hoffnungslosen Fall fühlen, der bei der Diät versagt hat, oder sich selbst als erfolgreichen Diäthalter sehen, der gelegentlich beim Essen über die Stränge geschlagen hat. Es liegt an Ihnen. Wie das alte Sprichwort sagt: „Glauben Sie, dass Sie es können oder glauben Sie, dass Sie es nicht können – Sie haben so oder so Recht."

Nehmen Sie eine Haltung bedingungsloser Zuversicht ein, werden die täglichen Herausforderungen nicht bestimmen, wie Sie sich selbst fühlen. Sie können möglicherweise nicht kontrollieren, was mit Ihnen geschieht, aber Sie können entscheiden, wie Sie reagieren werden. Sie können eine Möglichkeit finden, um alles aus einer positiven Sichtweise zu betrachten.

Bedingungslose Zuversicht bedeutet, auf Ihr Selbstwertgefühl und Ihre Fähigkeiten zu vertrauen, unabhängig davon, wie die Dinge in letzter Zeit gelaufen sind. Denken Sie über die Zeiten nach, in denen Sie gut gegessen und regelmäßig Sport getrieben haben, und stellen Sie sich den Herausforderungen, die Ihr Diät-Programm an Sie stellt. Je besser Sie sich selbst fühlen, desto besser können Sie die Hochs und Tiefs überstehen, denen Sie auf Ihrem Weg der Gewichtsabnahme begegnen werden.

PUNKTE, DIE SIE SICH AUS TEIL 1 MERKEN SOLLTEN

- Sichtweise der grundlegenden Güte.
- Reichtum, nicht Armut.
- Identifizieren Sie sich mit Ihrem Wesen und nicht mit Ihren Gewohnheiten.
- Wählen Sie einen für Sie passenden Diätplan.
- Leeren Sie Ihre Tasse und denken Sie über den Tellerrand hinaus.
- Das Positive Auswahl Modell:
  - Diät als Entscheidung, nicht als Strafe.
  - Ermächtigt, nicht eingesperrt.
- „Wiege weniger"-Übung.
- Seien Sie Ihr bester Freund.
- Haltung bedingungsloser Zuversicht.

2

Das NINJA-System® Veränderung ohne Leiden

„Wenn sich der denkende Geist durch praktizierte Meditation zu beruhigen beginnt, fangen wir an, unsere Verhaltensmuster und Gewohnheiten viel klarer zu sehen. Wenden wir die Anweisung, sanft und unvoreingenommen zu sein, auf alles an, was wir sehen, gibt es Raum für echte Wissbegierde. Jeder Augenblick ist eine Gelegenheit für einen Neuanfang."

(Pema Chödrön)

Zeit zum Wählen und Entscheiden

„Zwischen jedem Reiz und jeder Reaktion gibt es einen Raum. In diesem Raum befindet sich unsere Macht, unsere Antwort bzw. Reaktion zu wählen, in der wiederum unser Wachstum und unsere Freiheit liegen." (Viktor E. Frankl, *Man's Search for Meaning*)

Das *Positive Auswahl Modell* ist der beste Ansatz für Diäten, denn es ist besser, Entscheidungsfreiheit zu haben als durch bestrafende Beschränkungen eingeschränkt zu werden. Einen Salat statt Pommes als Beilage zu Ihrem Hamburger zu bestellen ist eine positive (Aus-)Wahl/Entscheidung, wenn Sie die Pommes Frites als Teil Ihres Diätprogramms wirklich auslassen wollen. Aber wenn Sie sich die Pommes verkneifen und es als Strafe empfinden, an ihrer Stelle den Salat zu essen, wird Sie das nicht nur unglücklich machen, sondern auch den Druck auf Ihre Psyche erhöhen, was zu einem späteren irrsinnigen Vollstopfen mit frittierten Lebensmitteln führen könnte.

Um eine (Aus-)Wahl/Entscheidung zu treffen, brauchen Sie Zeit und Raum. In der Regel reagiert man automatisch auf den Gedanken an Essen. Das geschieht so schnell, dass das Essen in Ihrem Mund ist, bevor Sie es realisiert haben. Sie sind sich nicht bewusst, wie es passiert ist.

Man braucht Zeit, um zu realisieren, was vor sich geht, und Raum, um bewusst statt reaktiv zu reagieren. Solche Entscheidungspunkte sind mit Weggabelungen auf der Straße vergleichbar. Wenn Sie mit hoher Geschwindigkeit fahren, verpassen Sie möglicherweise die Abfahrt und sind dadurch auf dem falschen Weg.

Impuls tritt auf ▶ reaktives Essen.

Impuls tritt auf ▶ Bewusstsein → Entscheidung zu essen oder nicht.

Ohne das Bewusstsein für einen Entscheidungspunkt gibt es keine Option: Wenn der Impuls entsteht, isst man reaktiv.

Sind sie sich des Impulses bewusst, haben Sie die Wahl, zu essen oder mit einem „Nein, danke" abzulehnen.

Denken Sie über Ihre Diät-Absicht nach. Erinnern Sie sich an die „Wiege weniger"-Übung und an Ihre Präferenz, sich lieber leichter zu fühlen statt sich vorübergehende Zufriedenheit durch Essen zu verschaffen.

Wenn Sie sich entscheiden, nicht zu essen, ist das eine positive Entscheidung, aber keine Einschränkung oder Bestrafung. Um diese Entscheidung treffen zu können, braucht man Zeit und Raum für diese Erkenntnis. Ziel ist es, möglichst viel von dieser Erkenntnis/diesem Bewusstsein zu erfahren.

Ein Gewinn erfordert Ihre Anwesenheit

„NUR WER DABEI IST UND MITMACHT, KANN GEWINNEN" steht oft auf einem Lotterielos. Dieser Satz hat in diesem Buch aber eine tiefere Bedeutung. Um mit Ihrem Abnehm-Programm erfolgreich zu sein und um bessere Entscheidungen zu treffen, müssen Ihr Geist und Ihr Körper synchronisiert werden. Das kann nur in der Gegenwart, im Hier und Jetzt geschehen.

Dein Körper ist immer „hier" und existiert nur „jetzt". Doch wie bei jedem anderen Menschen schweift Ihr Geist oft ab, indem er vergangene Ereignisse nachspielt oder in die Zukunft projiziert. Sie müssen üben, Ihre umherirrende Aufmerksamkeit wieder auf das „Hier und Jetzt" zu lenken.

In der Zen-Tradition wird diese ungeteilte, auf einen einzigen Punkt gerichtete Aufmerksamkeit *Achtsamkeit* genannt. Ihr Geist ist voll von der Erfahrung des gegenwärtigen Augenblicks. Achtsamkeit ist genau auf die Tätigkeiten Ihres Körpers und Ihres Geists ausgerichtet; dabei spielt es keine Rolle, ob Sie stillsitzen oder in Bewegung sind. Achtsamkeit wird manchmal als *bloße Aufmerksamkeit* bezeichnet, oder nur als *feststellend*. Sie erleben jeden Moment, ohne mental etwas hinzuzufügen. Sie bemerken einfach, was in Ihrem Geist erscheint, ohne das zu beurteilen, zu kategorisieren oder zu kommentieren.

Achtsamkeit findet in der Atmosphäre des Bewusstseins statt, in der Umgebung, in der Ihre Gedanken und

Wahrnehmungen in jedem einzelnen Augenblick kommen und gehen. So können Sie sich – ständig präsent – Ihrer Welt und sich selbst bewusst sein und auf alles reagieren, was entsteht.

Achtsamkeit schließt auch ein festzustellen, wenn Sie in einem Tagtraum abgetaucht und zur Aufmerksamkeit zurückgekehrt sind. Schweift Ihr Geist ab, schenken Sie Ihrem Tun nicht Ihre volle Aufmerksamkeit. Deshalb „erfordert ein Gewinn Ihre Anwesenheit".

Wie können wir aus der Vergangenheit lernen oder für die Zukunft planen, wenn wir immer in der Gegenwart, im Hier und Jetzt, sind? Im Zusammenhang mit Achtsamkeit ist es schön, über etwas in der Vergangenheit oder in der Zukunft nachzudenken. Es kommt darauf an, dass Sie sich Ihres Nachdenkens oder Ihrer Planung genau im gegenwärtigen Augenblick bewusst sind.

Sie können über die Vergangenheit oder Zukunft nachdenken, wobei Ihnen klar ist, dass es nur Gedanken sind. Sie sind sich dieser Gedanken bewusst, lassen Ihre Aufmerksamkeit davon aber nicht ablenken.

Verstehen Sie Ihren Geist

> „Gedanken sind für den Geist das, was Wolken für den Himmel sind." (Zen Sprichwort)

Analog zum Sprichwort „Sehen ist Glauben" nehmen wir oft die Einstellung „Denken ist Glauben" ein. Haben wir eine Meinung über uns selbst oder andere, halten wir diese für wahr und reagieren sofort entsprechend, was oft zu schmerzlichen Ergebnissen führt. Unsere Gedanken steuern uns und nicht umgekehrt.

Wie können wir uns von der Tyrannei unserer eigenen Gedanken befreien? Die Einsicht, die zu dieser Freiheit führt, ergibt sich aus einer anderen Frage: „Wer oder was beobachtet unsere Gedanken?" Da keine andere Person unsere Gedanken beobachtet, muss es unser eigener Geist sein.

Beim genauen Hinsehen stellen wir fest, dass der Geist von Natur aus reines, inhaltsfreies Bewusstsein ist. Ein klarer Krug aus Glas nimmt die Farbe der Flüssigkeit an, die hineingeschüttet wurde. Ebenso ist der Geist ein klares Bewusstsein, das die Farben und Texturen unserer Gedanken und Emotionen annimmt. Diese Natur des Geistes kann man nur durch direkte Analyse mittels praktiziertem achtsamen Bewusstseins auf- und entdecken.

Sie haben Gedanken, aber Sie sind nicht Ihre Gedanken. Der Weg zur Praxis besteht darin, nicht hilfreiche Gedanken zu erkennen und wahrzunehmen – ohne auf sie zu hören!

Das Wesen der Veränderung

Wenn Sie möchten, dass eine Blume blüht, würden Sie sie dann an ihrem Stiel hochziehen? Oder die Blütenblätter abziehen, um die Blüte mit Gewalt zu öffnen? Würden Sie tatsächlich versuchen, die Blume auf diese Weise zum Blühen zu bringen, würden Sie die Blume damit umbringen!

Sie können keine Blume zum Blühen zwingen; Sie können nur ihre natürliche Entwicklung und ihr Wachstum fördern. Verschaffen Sie der Blume die richtigen Bedingungen – Sonnenlicht, Wasser und guten Boden –, wird die Blume von selbst wunderbar blühen.

Eine Blume *versucht* nicht zu blühen, sie tut es einfach. Das ist ihre Natur.

Genauso ist es die Natur des Menschen, zu wachsen und zu gedeihen. Als Kind musste man nicht versuchen, größer zu werden. Mit der richtigen Nahrung und Umwelt geschah es von selbst.

Sie müssen sich nicht zur Entwicklung Ihrer Fähigkeiten zwingen; das besorgt Ihre Natur von allein. Sie müssen sich lediglich selbst die richtigen Bedingungen dafür zur Verfügung stellen. Dazu gehören das reine Wasser Ihrer angeborenen Grundgüte, das warme Sonnenlicht des maitri, der fruchtbare Boden der bedingungslosen Zuversicht und der gewünschten Absichten, die frische Luft des unvoreingenommenen Bewusstseins und der Dünger in Form von Wissen und Übung. Mit diesen „Zutaten" in Ihrer Umgebung werden Ihre natürlichen Neigungen (lernen und wachsen) aufblühen.

Veränderung ohne Leiden

Beispiel

Ein junger Mönch verbrachte jeden Tag einige Zeit mit Meditation und innerer Einkehr. Er fragte sich, wie viele seiner Gedanken während dieser Sitzungen positiv (dass er z. B. großzügig, freundlich oder hilfsbereit war) oder negativ (Vorurteile, Gier oder Hass gegenüber anderen oder sich selbst) waren. Er sammelte viele Kieselsteine und stellte links und rechts von sich je eine leere Schüssel hin, von denen er eine mit „positiv" und die andere mit „negativ" beschriftete.

Während des Meditierens legte er einen Kieselstein in die entsprechende Schüssel, sobald er entweder einen positiven oder negativen Gedanken erkannte. Am Ende des ersten Tages schaute er in die Schüsseln und stellte überrascht fest, dass alle Kieselsteine in der „negativen" Schüssel lagen.

Ohne sich selbst zu beurteilen, setzte er diese Übung Tag für Tag fort. Nach ein paar Tagen lagen in jeder Schüssel ungefähr gleich viele Kieselsteine, und nach einigen weiteren Tagen lagen fast alle Kieselsteine in der „positiven" Schüssel.

2 Das NINJA-System® Veränderung ohne Leiden

> *Das NINJA-System®* steht für die Initialen der Wörter:
>
> "**N**otwendig – **I**ntention & **N**icht-**J**urieren – **A**chtsamkeit"
> ("erforderliche Absicht & bewertungsfreies Bewusstsein")

Um eine unerwünschte Gewohnheit abzulegen, ist es zuerst *notwendig*, eine starke *Intention* (Absicht) aufzubauen, um eine Veränderung vorzunehmen. Jedes Mal, wenn Sie sich einer Gewohnheit bewusst werden, die Sie ändern möchten, schreiben Sie sie auf – ohne dazu ein Urteil abzugeben *(Nicht-Jurieren)*. Dann müssen Sie Ihre *Achtsamkeit* mit unvoreingenommenem Bewusstsein auf die unerwünschten Handlungen, Worte oder Gedanken anwenden. Dieser Prozess wird ausführlich im nächsten Kapitel erläutert.

Wie eine von Natur aus blühende Blume werden Sie feststellen, dass Sie sich durch bloßes Wahrnehmen ohne zusätzliches positives oder negatives Urteil immer früher bei einer Gewohnheit erwischen. Anfangs merken Sie es erst, *nachdem* Sie der Gewohnheit gefolgt sind; später stellen Sie es fest, *während* Sie der Gewohnheit folgen, und letztendlich erwischen Sie sich dabei direkt *zu Beginn*. Schließlich werden Sie sich des Impulses bewusst, der die Gewohnheit antreibt; irgendwann erscheint auch der Impuls nicht mehr. Die Gewohnheit ist abgelegt.

Ihre Gewohnheiten ändern sich durch die Kombination von Absicht und Bewusstsein. Wenn Sie weniger wiegen möchten, harmonieren Sie nicht mit sich selbst, wenn Ihre Handlungen nicht Ihrer Absicht entsprechen. Um Änderungen vorzunehmen, müssen Sie zuerst erkennen, was Ihren Diätzielen im Weg steht. Und wenn Sie das nicht wissen, woher sollen Sie dann wissen, was zu ändern ist?

Sie müssen nicht nur hinderliche Gewohnheiten wie Essen vor dem Fernseher oder Snacks spät in der Nacht aufgeben und auf sie verzichten, sondern gleichzeitig hilfreiche Gewohnheiten – wie langsames und achtsames Essen sowie regelmäßig Sport treiben – pflegen. Sowohl das Ablegen als auch die Pflege von Gewohnheiten erfordern ein achtsames Bewusstsein Ihrer Gedanken und Handlungen.

Das *NINJA-System*® ist eine leistungsstarke Methode zur Implementierung des *Positive Auswahl Modells,* dem Ansatz, der auf persönlichen Präferenzen anstatt auf auferlegten Einschränkungen basiert. Sie dürfen die Art und Weise frei auswählen, in der Sie am liebsten handeln, sprechen oder denken wollen und sich dann in diese Richtung bewegen. Sich selbst zu beurteilen, zu bestrafen oder sich etwas vorzuenthalten, ist kontraproduktiv.

Das alte Motto „Wenn du es zunächst nicht schaffst, musst du es immer und immer wieder versuchen" stimmt nur dann, wenn Sie den richtigen Weg kennen, um es zu versuchen. Leider führt die Art und Weise, wie die meisten Menschen sich mit Diäten auseinandersetzen, sie in der Regel nur weiter von ihren Zielen weg. Wenn Sie erkennen, dass es Ihre Natur ist, zu lernen und zu wachsen, können Sie sich zutrauen, die optimalen Bedingungen für Ihren Diät-Erfolg zu erschaffen.

Die folgenden vier Fragen, die aus Dr. William Glassers *Realitätstherapie* umgeschrieben wurden, helfen Ihnen bei der Klärung Ihrer Ziele:

1. Was möchten Sie erreichen? *(z. B.: 5 Kilo abnehmen)*
2. Was haben Sie unternommen, was Ihnen zum Erreichen Ihres Ziels geholfen hat? *(z. B.: jeden Tag 20 min laufen)*

3. Was haben Sie unternommen, was Sie vom Erreichen Ihres Ziels abgehalten hat? *(z. B.: jeden Abend einen kalorienreichen Snack vor dem Schlafengehen gegessen)*
4. Wenn Sie Ihr gewünschtes Ziel nicht erreichen, was könnten Sie anders machen? *(z. B. die Angewohnheit ablegen, einen Snack vor dem Schlafengehen zu essen)*

Die Anwendung von *NINJA*

Wenn wir etwas Neues beginnen, ist es verlockend, es zu viel und zu schnell zu tun. Wir wollen alles und zwar jetzt! Wahrscheinlich denken Sie an eine ganze Reihe von Gewohnheiten, die Sie sofort ändern möchten. Der Versuch, zu viele auf einmal zu ändern, ist quasi zum Scheitern verurteilt.

Wählen Sie höchstens ein oder zwei zu ändernde Gewohnheiten. Erst wenn eine negative Gewohnheit abgestellt wurde oder eine positive Gewohnheit zur zweiten Natur geworden ist, sollten Sie anfangen, an der nächsten Gewohnheit zu arbeiten. Wie es in alten Erzählungen so schön heißt: „Gut Ding will Weile haben."

Es gibt verschiedene Möglichkeiten, das NINJA-System® zur Veränderung von Gewohnheiten anzuwenden. Sie benötigen einen „*NINJA*-Notizblock" – eine Seite auf Ihrem Smartphone oder Tablet oder einen Papierblock oder eine Karteikarte.

Sind Sie bereit?

Führen Sie eine Strichliste

Schreiben Sie ein Schlüsselwort oder einen Satz auf Ihren Notizblock, und machen Sie jedes Mal, wenn Sie eine dazugehörige negative oder positive Gewohnheit wiederholen, einen Strich daneben. Zu den Gewohnheiten, die

Sie ablegen möchten, gehören vielleicht „sich einen Nachschlag holen", „an einem Fast-Food-Drive-In anhalten" oder „Essen direkt aus der Verpackung essen". Zu den Gewohnheiten, die Sie pflegen und entwickeln möchten, gehören vielleicht „Wasser statt Snacks", „ein Hauptgericht teilen" oder „zusätzliches Essen weglegen, bevor Sie anfangen zu essen".

ZUSÄTZLICHES ESSEN VOR DEM ESSEN WEGLEGEN
⎯ℍℍℾ I

Zählen Sie die Striche am Ende des Tages, ohne Ihre Handlungen zu bewerten und erklären Sie einfach erneut Ihre Absicht der Veränderung. Bei vielen Leuten verändert sich die Strichverteilung in relativ kurzer Zeit ganz erheblich – mehr Striche für positive Gewohnheiten, weniger Striche für negative Gewohnheiten.

Eine andere Möglichkeit zur Führung einer Strichliste ist die Verwendung von Buchstaben und/oder Symbolen. Sie möchten sich z. B. abgewöhnen aus Langeweile zu essen und stattdessen etwas Gesünderes tun. Schreiben Sie ESSEN AUS LANGEWEILE auf Ihren Notizblock. Schreiben Sie jedes Mal ein „**L**" auf den Block, wenn Sie merken, dass Sie aus **L**angeweile essen; schreiben Sie jedes Mal ein „**E**", wenn Sie das Essen durch z. B. Stretching oder Spazierengehen **e**rsetzen.

Bewertung von Null-bis-Fünf
Es gibt Gewohnheiten, die Sie ändern möchten, die nicht „alles oder nichts" sind, sondern sich immer wieder zeigen. Am besten bewerten Sie diese auf einer Skala von Null-bis-Fünf (was der minimalen und maximalen Häufigkeit entspricht, in der Sie der Gewohnheit folgen).

Ein Beispiel für eine nützliche Gewohnheit, die Sie mithilfe der Bewertungsskala pflegen und entwickeln möchten, kann z. B. langsameres Essen sein. Nach jeder Mahlzeit bewerten Sie die Geschwindigkeit, mit der Sie Ihrer Meinung nach gerade gegessen haben, wobei 0 = langsam und achtsam, und 5 = Essen herunterschlingen bedeutet. Allmählich werden Sie Ihre Essgeschwindigkeit immer häufiger mit 1 oder 0 bewerten, d. h. dass sich bei Ihnen die Gewohnheit, langsam und achtsam zu essen, verwurzelt hat

ESSGESCHWINDIGKEIT
Tag 1: Frühstück 5/ Mittagessen 3/Abendessen 3

Tag 2: Frühstück 4/ Mittagessen 2/Abendessen 2

Tag 3: Frühstück 2/ Mittagessen 1/Abendessen 1

Das NINJA-System® kann Ihnen helfen, Ihre Art, wie Sie essen, handeln, sprechen und sogar denken, zu ändern. Sie können Routinen zur Löschung negativer Gewohnheiten erstellen und positive Gewohnheiten zu Ihrer zweiten Natur machen. Sie werden sich befähigt fühlen, aus Ihrem eigenen alten Trott herauszukommen und das Beste aus Ihren Fähigkeiten herauszuholen.

NINJA – Ihre Gedanken an Essen
Emily war die Art von Person, die „lebt, um zu essen" anstatt „zu essen, um zu leben".

> Es fällt mir schwer, mir vorzustellen, dass es Menschen gibt, die die meiste Zeit nicht an Essen denken. Ich kann es nicht glauben, wenn jemand sagt, er habe vergessen, eine Mahlzeit zu essen. Wenn ich nicht an Essen dächte, woran würde ich denn dann denken?

Emily schrieb die Worte **AN ESSEN DENKEN** auf ihren Notizblock. Jedes Mal, wenn sie sich dabei ertappte, an Essen zu denken, machte sie einen Strich. Sie tat ihr Bestes, um sich nicht selbst zu beurteilen, sondern nur zu zählen. Im Laufe der Tage dachte sie immer seltener an Essen, und ihre Essgedanken wurden durch positive Gedanken an Menschen, die sie anrufen sollte, an zu besuchende Orte und an zu erledigende Dinge ersetzt.

Schreiben Sie es auf

Sie können *das NINJA-System*® zur Unterstützung Ihres Abnehm-Programms verwenden, indem Sie Protokoll über Ihre Essens- und Sport-Entscheidungen führen.

Ein Glas Wasser oder zwei Donuts? Eine halbe Stunde vor dem Fernseher oder ein flotter Spaziergang? Zu wissen, dass Sie nach jeder Mahlzeit und jeder Sporteinheit rechenschaftspflichtig sind, erhöht das Bewusstsein für Ihre Absichten und Handlungen. Die Entscheidung liegt bei Ihnen; die Protokollierung wird Sie dazu bewegen, bessere Entscheidungen zu treffen.

Sie können sich auch nach jeder Mahlzeit mit einer Note zwischen Null und Fünf bewerten und feststellen, wie viel mehr oder weniger Sie gegessen haben als geplant. Denken Sie an Ihre erforderliche Absicht und beobachten Sie mit urteilsfreiem Bewusstsein, wie Sie Ihrer Absicht gerecht geworden sind.

Es ist wichtig, sich bei der Protokollführung nicht selbst zu beurteilen oder zu bestrafen; andernfalls könnten Sie die Protokollierung umgehen (wollen), weil Sie sich für das schuldig fühlen, was oder wie viel Sie gegessen haben.

Durch das Protokollieren können Sie sich allem bewusst sein, was Sie bis zu diesem Zeitpunkt am Tag gegessen haben. Auf diese Weise können Sie fundierte positive Entscheidungen – die Ihrer Absicht entsprechen – für Ihre nächste Mahlzeit treffen.

Sie können sich *das NINJA-System®* als eine Art schriftlichen Vertrag mit sich selbst vorstellen, in dem Sie sich verpflichten, weniger und gesünder zu essen sowie mehr Sport zu treiben.

Probieren Sie Folgendes aus:
Üben Sie, *vor* jeder Mahlzeit in Ihrem Protokoll aufzuschreiben, was und wie viel Sie essen wollen. Mit einem Plan ist es einfacher, achtsam zu sein, denn er verschafft Ihnen eine Grenze, die Ihnen hilft, beim Vorbereiten und Auftragen der Mahlzeit die richtige Portionsgröße zu wählen. Zu wissen, dass Sie es aufschreiben müssen, wenn Sie mehr essen als beabsichtigt, stärkt Ihre Entschlossenheit, sich an Ihren Plan zu halten.

Erforderliche Absicht

> Frage: Wie viele Psychologen sind zum Wechseln einer Glühbirne erforderlich?
> Antwort: Nur einer, aber die Glühbirne muss sich wirklich wechseln lassen wollen. (Psychologen-Humor)

In Humor steckt oft ein Fünkchen Wahrheit, wenn es um Ihre Ess- und Sportgewohnheiten geht: Um eine Veränderung vorzunehmen, müssen Sie wirklich etwas ändern *wollen*. Das versteht man unter einer erforderlichen Absicht.

Wie in der Physik gibt es auch im menschlichen Verhalten eine Trägheit. Trägheit bedeutet, dass ein ruhender Körper dazu neigt, in Ruhe zu bleiben (es sei denn, er wird bewegt), während ein Körper in Bewegung dazu tendiert, in Bewegung zu bleiben (es sei denn, er wird gestoppt). Es ist schwer, von der Couch aufzustehen, aber sobald Sie die Anstrengung unternommen haben, aufzustehen und sich zu bewegen, ist es gar nicht so schwer, in Bewegung zu bleiben. Es ist schwer, sich nicht mehr zu bewegen, wenn man rege war, aber wenn man die Anstrengung unternommen hat, sich hinzusetzen und achtsames Bewusstsein zu üben, ist es nicht schwer, eine Weile auf der Couch zu bleiben.

Es bedarf Anstrengungen, um diesen ersten positiven Schritt über die Trägheitsschwelle hinaus zu machen. Aus diesem Grund benötigt das Ändern von Gewohnheiten eine **starke** erforderliche Absicht, um Sie in Gang zu bringen, und ein urteilsfreies Bewusstsein, um Sie auf Kurs zu halten.

Um Ihre Motivation während Pausen oder Stagnation auf Ihrem Weg zum Wunschgewicht zu erhalten und zu verstärken, ist eine Wiederholung der „Wiege weniger"-Übung hilfreich. Es erinnert Sie daran, wie gut es sich anfühlen wird, wenn Sie sich an das Programm halten und leichter werden. Das feuert Ihre erforderliche Absicht an, Ihre Fortschritte mit urteilsfreiem Bewusstsein zu verfolgen.

NINJA – Ihre „Wiege weniger"-Übung

Machen Sie es sich zur Gewohnheit, die „Wiege weniger"-Übung regelmäßig durchzuführen. Markieren Sie in Ihrem Kalender jeden Tag, an dem Sie die „Wiege weniger"-Übung durchführen, mit einem „WW". Das wird Ihnen helfen, an Entscheidungspunkten zu Mahlzeiten über Ihre erforderliche Absicht nachzudenken. Ist das Essen, das Sie im Begriff sind, zu essen, die Kalorien wert, oder würden Sie sich lieber leichter und dünner fühlen? Die Entscheidung liegt bei Ihnen, ohne diese zu beurteilen.

Macht und Einfluss der Verpflichtung

> **Beispiel**
>
> Ein Stadtrat bat einen alten Landwirt, Teil eines Bürgerausschusses zu sein, der sich für die Verbesserung verschiedener Dinge in der Stadt einsetzen würde. Der Bauer fragte: „Möchten Sie, dass ich mich beteilige oder verpflichte?"
> *Verwirrt fragte der Mann: „Wo liegt der Unterschied?"*
> Der Bauer antwortete: „Es ist wie ein Frühstück mit Speck und Eiern. Das Huhn ist beteiligt, aber das Schwein wurde fest eingebunden (im Sinne von verpflichtet)."

Verpflichtung ist das Rückgrat der erforderlichen Absicht. Sie unterstützt die Kontinuität Ihrer Bemühungen im Laufe der Zeit und über Situationen hinweg. Verpflichtung bedeutet, mit Leib und Seele Ihre Diät- und Sportpläne zu verfolgen, die Sie für ein verbessertes Wohlbefinden in Ihrem Leben geschmiedet haben.

Um sich für einen Plan verpflichten zu können, müssen Sie das Gefühl haben, dass Sie mit jedem Ergebnis umgehen können – Sie müssen im Voraus bereit sein, jedwedes Ergebnis zu akzeptieren. Nach einem Ausrutscher, einem Fressgelage oder in Zeiten ausbleibender Fortschritte ist es wichtig, Ihrem Abnehm-Programm verpflichtet zu bleiben.

Eine Verpflichtung garantiert keine perfekten Ergebnisse, aber sie gibt Ihnen die besten Chancen, Ihre Ziele zu erreichen. Bei Gelegenheiten, in denen Sie versagen oder einen Rückschlag einstecken müssen, können Sie sich selbst eine Pause gönnen sowie Ihr Bestreben, Ihre Absicht und Verpflichtung wieder aufladen. Frustriert zu werden und sich selbst das Leben schwer zu machen, weil man nicht perfekt war, ist entmutigend und erhöht die Wahrscheinlichkeit, dass Sie aufgeben.

Seien Sie ein 100 %-iger Optimist und verpflichten Sie sich vor Beginn der Diät zur Einhaltung Ihres Abnehm-Programms. Auf dem Weg zu Ihrem Wunschgewicht seien Sie dann zu 100 % realistisch (verzeihen Sie sich und seien Sie nett zu sich) hinsichtlich der Hochs und Tiefs mit denen Sie konfrontiert werden.

Lassen Sie Ihre Waage in der Küche stehen

„Lassen Sie Ihre Waage in der Küche stehen -
Sie werden weniger essen, wenn Sie wissen, dass die Waage Sie beobachtet." (Diät-Humor)

Es ist ein Witz, aber tun Sie es wirklich, wenn es Ihre Verpflichtung unterstützt. Verwenden Sie alles, was Sie an Ihre erforderliche Absicht – weniger zu essen – erinnert. Vielleicht ist es das Zünglein an der Waage, um positive Entscheidungen zu fällen wie kleinere Portionen zu nehmen, gesündere Optionen auszuwählen, Snacks auszulassen sowie langsamer zu essen. Wenn Sie Ihre Waage nicht in die Küche stellen möchten, können Sie das Bild einer Waage am Kühlschrank oder am Vorratsschrank befestigen. Oder Sie stellen ein Foto von einem Kleidungsstück auf, in das Sie gerne passen würden.

Es geht darum, etwas zu nutzen, das Ihre Aufmerksamkeit erregt und eine Lücke, d. h. den Raum und die Zeit für achtsames Bewusstsein, schafft. Die Stärkung Ihrer Verpflichtung hält Sie davon ab, gedankenlos auf einen Drang zu reagieren und sich auf einen ungeplanten Snack zu stürzen.

Probieren Sie Folgendes aus:
Verwenden Sie selbstklebende Zettel mit Erinnerungen an positive Entscheidungen und kleben Sie diese an wichtige Stellen zu Hause und an Ihrem Arbeitsplatz.

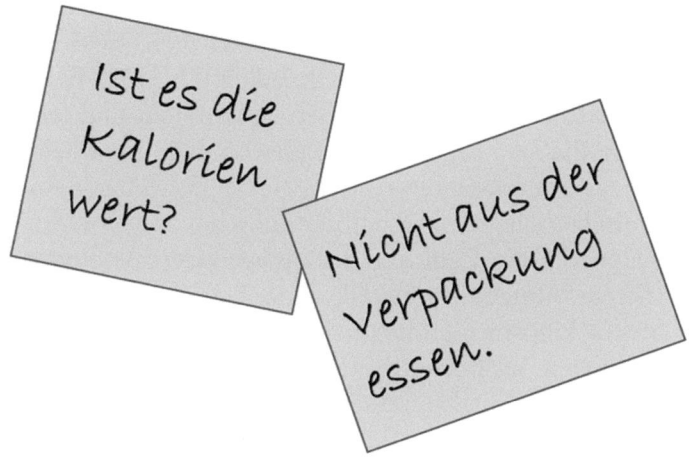

Urteilsfreies Bewusstsein

„Nur wenn wir anfangen, uns ohne Prinzipienreiterei, Härte oder Täuschung zu entspannen und uns mit uns selbst zu verbinden, können wir mit dem Aufgeben schädlicher Verhaltensmuster beginnen." (Pema Chödrön)

An welcher Gewohnheit Sie auch immer gerade arbeiten, begegnen Sie ihr mit urteilsfreiem Bewusstsein. Seien Sie ein objektiver Beobachter Ihres eigenen Handelns. Das unterscheidet sich von der Unsicherheit/Befangenheit, bei der Sie jede Ihrer Handlungen kritisch beäugen und jede gemachte Erfahrung beurteilen.

In der Psychologie wird allgemein angenommen, dass sich *jede* emotional geprägte, gute sowie schlechte Aufmerksamkeit, die Sie einer Sache schenken, eine verstärkende Wirkung hat. Jede Kritik, Wut oder jedes Nörgeln, mit der Sie auf Ihre aufzugebende Gewohnheit reagieren, verstärkt diese noch zusätzlich. Eine nicht emotionale urteilende Aufmerksamkeit hingegen bewegt sich subtil in Richtung einer tief verwurzelten und festen Absicht, die man gegenüber der Gewohnheit hat. Deshalb spielt das urteilsfreie Bewusstsein eine entscheidende Rolle Gewohnheitsänderungen herbeizuführen.

Wenn Sie die Zahl auf der Waage oder die Einträge in Ihrem Abnehm-Protokoll ohne Urteil zur Kenntnis nehmen, können Sie ohne jegliche Emotionen über Ihre Handlungen nachdenken, Ihre Absichten neu aufleben lassen und beschließen, bessere Entscheidungen zu treffen.

Haben Sie keine Angst vor Ihrer Waage

> „Ein kleines Mädchen lud ihre Freundin zu Besuch ein und führte sie durchs Haus. Als sie ins Badezimmer kamen, zeigte das kleine Mädchen auf die Waage und sagte: ‚Geh nicht nah heran. Sie bringt meine Mama zum Weinen.'" (Diät-Humor)

Beim *Positive Auswahl Modell* ist die Waage Ihr Freund. Zeigt sie ein höheres Gewicht an, motiviert sie Sie, sich mit dem richtigen Essen und beim Sport mehr Mühe zu geben. Zeigt die Waage ein niedrigeres Gewicht, bestätigt sie Ihnen damit, dass sich Ihre Anstrengungen lohnen. Das Wissen, dass Sie das Gewicht aufschreiben und damit Rechenschaft ablegen, erinnert Sie in herausfordernden Situationen an Ihre erforderliche Absicht.

2 Das NINJA-System® Veränderung ohne Leiden

Der Erfolg in einem Abnehm-Programm wird in der Regel durch das auf der Waage angezeigte Gewicht bestimmt. Leider wird dieses Gewicht allzu oft von einem Diäthaltenden als Indikator für sein Selbstwertgefühl betrachtet. Nehmen Sie ein Pfund zu, heißt es „Ich war in dieser Woche schlecht", nehmen Sie ein Pfund ab, heißt es „Ich war zwar gut, hätte aber noch besser sein können."

Wenn ich „schlecht" bin, ist das kein kleiner Fehler, sondern eine Katastrophe – ich bin ein Versager, warum also sollte ich mir die Mühe machen weiter zu versuchen mein Gewicht zu reduzieren?

Der entscheidende Punkt ist, die auf der Waage angezeigte Gewichtszahl urteilsfrei, aber bewusst zur Kenntnis zu nehmen. Sehen Sie das angezeigte Gewicht nicht als Grund, sich selbst fertigzumachen. Das untergräbt Ihre Absicht.

Jede involvierte Beurteilung bringt Emotionen mit sich. Emotionen verschleiern Erkenntnisse und Einsichten – Sie verlieren Ihre Absicht und das Bewusstsein für Ihr Handeln aus den Augen. Sie können nicht objektiv an Ihren Diätplan denken, wenn Sie emotional aus der Fassung geraten sind.

Wenn Sie sich selbst beurteilen und kritisieren, kann dies unerwünschte Gewohnheiten verstärken sowie Ihren Fortschritt blockieren – manchmal bis zu dem Punkt, dass Sie sich zu einem Fressgelage begeben oder sogar Ihr Abnehm-Programm ganz aufgeben. Bewahren Sie die Sichtweise des urteilsfreien Bewusstseins: Das angezeigte Gewicht ist nur eine Zahl – keine Anklage gegen Sie selbst und Ihre Fähigkeiten.

NINJA – **Ihre Einstellung zum Wiegen**
Verwenden Sie *das NINJA-System*® nicht nur, um Ihr Gewicht zu verfolgen, sondern auch, um die Gewohnheit zu ändern, sich selbst zu beurteilen. Bewerten Sie mit einer Note zwischen Null und Fünf, wie sehr Sie **SICH SELBT FERTIGMACHEN,** nachdem Sie das angezeigte Gewicht auf der Waage sehen. Sie werden nach und nach freundlicher zu sich selbst und geduldiger hinsichtlich Ihres Fortschritts beim Abnehmen sein.

Hier ist ein Beispiel für die Bewertungen einer Person, die sich jeden Montag und Donnerstag gewogen hat:

BEIM WIEGEN ANGEZEIGTES GEWICHT
140; 142; 141; 140; 139; 140; 139; 141; 140; 139

BEWERTUNG DES SICH-SELBST-FERTIGMACHENS NACH DEM WIEGEN
3; 5; 4; 3; 1; 2; 0; 1; 0; 0

Es ist wichtig, sich regelmäßig zu wiegen. Ein- oder zweimal pro Woche, jeden Tag oder jeden zweiten Tag. Wie häufig Sie sich wiegen ist nicht so wichtig wie das konsequente Einhalten des Zeitabstandes zwischen Ihren Wiegeterminen. Um einheitliche Wiege-Bedingungen zu schaffen, müssen Sie sich immer zur gleichen Tageszeit wiegen und dabei immer die gleiche Menge an Kleidung tragen (oder immer nackt sein). Machen Sie sich keine Sorgen, wenn Sie ab und zu mal vergessen, sich zu wiegen. Das darf allerdings nicht zu oft vorkommen und Sie dürfen auch kein Wiegen auslassen, weil Sie Angst vor dem Gewicht haben, das die Waage anzeigen wird.

> Ich wiege mich jeden Morgen, bevor ich mich anziehe und frühstücke. Wiege ich mehr als am Vortag, denke

ich darüber nach, was am Vortag die Gewichtszunahme verursacht haben könnte, wie z.B. am Vortag zu viel oder zu spät gegessen (oder getrunken). Wiege ich weniger als am Vortag, ist es eine schöne Belohnung für das Einhalten meines Abnehm-Programms und eine Inspiration, um mich den ganzen Tag über an meine Abnehm-Verpflichtung zu halten.

Gut zu wissen
Gehört zu Ihrem Abnehm-Programm ein erheblicher Muskelaufbau, reflektiert das auf der Waage angezeigte Gewicht möglicherweise nicht genau Ihren Abnehm-Fortschritt.
Ihre körperliche Verfassung und Ihr Aussehen werden bessere Maßstäbe sein.

Hilfreicher Tipp
Wenn Sie Ihre Bewertungen auf einem mobilen Gerät oder Computer aufzeichnen, sollten Sie keine negativen Emojis verwenden, also keine Bilder, die negative Emotionen ausdrücken. Beachten Sie es einfach und machen Sie Ihre Bewertung. Ein „missmutiges Gesicht" ☹ ist das Gegenteil eines urteilsfreien Bewusstseins.

Üben Sie achtsames Bewusstsein

Genauso wie Sie regelmäßig trainieren müssen, um Ihre körperliche Fitness zu entwickeln und zu erhalten, müssen Sie auch Ihre „geistigen Muskeln" stärken. Sie müssen Ihren Geist durch praktiziertes achtsames Bewusstsein trainieren.

Sie trainieren, um:

- besser darauf zu achten, was Sie tun.
- für längere Zeit aufmerksam zu bleiben.
- schneller zu bemerken, wenn Ihre Aufmerksamkeit abschweift.
- noch rigoroser zum Hier und Jetzt zurückzukehren.

Dieses Kapitel enthält kurze Zusammenfassungen jeder einzelnen Übungsphase. Für ausführliche Anweisungen lesen Sie bitte den Anhang.

Nehmen Sie Platz
Finden Sie einen Ort, an dem Sie während der Übung ohne Unterbrechung sitzen können. Für einen Anfänger ist es hilfreich, einen ruhigen Ort aufzusuchen und für kurze Zeit zu üben.

Während dies traditionell im Schneidersitz auf einem Kissen geschieht, empfinden es die meisten Menschen als leichter, auf einem Stuhl oder Hocker zu sitzen. Wenn Sie einen Stuhl verwenden, setzen Sie sich in die Mitte der Sitzfläche, ohne sich anzulehnen. Es ist hilfreich, Ihre Knie auf gleicher Höhe wie Ihre Hüften oder niedriger zu haben, sodass Ihre Beine und Ihr Rücken nicht belastet werden.

Sie können Ihre Füße flach auf den Boden stellen oder locker vor sich überschlagen.

Eine gute Körperhaltung erleichtert das Atmen und macht es einfacher, aufmerksam zu bleiben. Ihre Wirbelsäule soll aufrecht, aber nicht angespannt sein. Stellen Sie sich Ihre Wirbelsäule wie eine Zeltstange vor; der restliche Körper ist das Zelttuch, das lose an der Stangenspitze hängt.

Lassen Sie Ihre Arme gerade von Ihren Schultern herunterbaumeln. Legen Sie Ihre Hände mit den Handflächen nach unten auf jeden Oberschenkel direkt hinter Ihren Knien oder mit nach oben gerichteten Handflächen ineinander in Ihren Schoß.

Übungsphasen zu achtsamem Bewusstsein
Es gibt 6 Übungsphasen

> **Bitte beachten** Personen mit Atemwegsproblemen sollten vor jeder Atemübung einen Arzt konsultieren.

Phase 1: Erdung
Schließen Sie die Augen. Lassen Sie jede überschüssige Spannung, die Sie nicht zur Wahrung Ihrer Körperhaltung brauchen, nach unten und aus Ihrem Körper fließen.

Lassen Sie Ihr Bewusstsein ins tiefe Innere Ihres Oberkörpers gleiten. Sie sollten dabei das Gefühl haben, als ließen Sie sich – umgeben von Rücken- und Armlehnen – in einen großen, weichen Sessel fallen.

Atmen Sie langsam sowie tief und stellen Sie sich dabei vor, mit jedem Ausatmen tiefer und tiefer zu sinken, bis Sie das Gefühl haben, als würden Sie mit der Erde verschmelzen. Dann sind Sie optimal geerdet.

Phase 2: auf unmittelbare Nähe gelenkte Aufmerksamkeit
Öffnen Sie halb Ihre Augen, sodass Ihre Augenlider die obere Hälfte Ihres Sichtfeldes blockieren. Fokussieren Sie Ihre Aufmerksamkeit nur auf Ihre Körperhaltung, die Wahrnehmung Ihrer Atmung sowie das Gefühl, dass sich Ihr Oberkörper beim Einatmen mit Luft füllt und sich beim Ausatmen wieder leert.

Wenn Sie merken, dass Ihr Geist in eine Reihe von Gedanken abgeschweift ist, denken Sie nur: „Zurück zum Hier und Jetzt." Konzentrieren Sie sich erneut auf Ihre Körperhaltung und Atmung, ohne Ihre Ablenkung zu beurteilen oder sich selbst dafür zu kritisieren.

Phase 3: Fühlen
Öffnen Sie Ihre Augen ganz. Konzentrieren Sie Ihre Aufmerksamkeit nacheinander auf das Sehen, Hören und Ihre körperlichen Empfindungen. Nehmen Sie so viel wie möglich wahr, ohne im Geiste hierzu Kommentare abzugeben. Sie werden feststellen, dass, wenn ein Sinn im Vordergrund Ihres Bewusstseins steht, alle anderen Sinne in den Hintergrund treten.

Phase 4: Wahrnehmung des Umfelds
Lassen Sie Ihre Augen ganz offen. Atmen Sie in den Raum vor Ihnen, seien Sie offen für das ganze Umfeld um Sie. Ihr Geist darf zu verschiedenen Objekten, die Ihre Aufmerksamkeit erregen – Anblicke, Geräusche, Gerüche, Empfindungen und sogar Gedanken – wandern, solange diese im Hier und Jetzt sind.

Wenn Sie erneut feststellen, dass Ihr Geist in eine Reihe von Gedanken abgeschweift ist, denken Sie nur: „Zurück zum Hier und Jetzt." Konzentrieren Sie sich erneut auf Ihre Körperhaltung, Atmung und Umgebung, ohne Ihre Ablenkung zu beurteilen oder sich selbst dafür zu kritisieren.

Setzen Sie die Übung des sich Öffnens und Verharren im Raumgefühl mit jedem Ausatmen fort. Auf diese Weise können Sie Gedanken und andere Sinneswahrnehmungen klar und deutlich wahrnehmen, wenn sie hochkommen.

Phase 5: Expansives Bewusstsein

Nehmen Sie Ihr Umfeld mit weit geöffneten Augen und geradem Blick bewusst wahr. Erweitern Sie mit jedem aufeinanderfolgenden Ausatmen den Umfang Ihres Bewusstseins. Stellen Sie sich vor, dass sich Ihr Bewusstsein erst zum Horizont, dann zum Himmel sowie anschließend jenseits des Himmels zum Weltraum hin öffnet. Stellen Sie sich am Ende vor, dass Ihr Bewusstsein – weiter als bis zum entferntesten Stern – in alle Richtungen reicht und verharren Sie in dieser unendlichen Offenheit so lange wie möglich.

Phase 6: Beenden der Übung

Traditionell endet jede Sitzung der achtsamen Bewusstseins-Übung mit einem Ziel. Bestätigen Sie in Ihren eigenen Worten, dass Sie während des ganzen restlichen Tages oder Abends so achtsam wie möglich sein werden. Sie können auch anstreben, dass sowohl Sie als auch andere Personen von Ihrer Übung profitieren.

„Wenn Sie üben, bestimmen Sie Ihre Körperhaltung und richten diese so aus, dass Ihr Körper ein Blitzableiter zwischen Himmel und Erde ist. Dann entspannen Sie sich. Lassen Sie Ihre Vergangenheit in der Erde auflösen, lassen Sie Ihre Zukunft im Himmel auflösen, lassen Sie den gegenwärtigen Moment mit Ihrem Atem auflösen – und dann lassen Sie alles los, was Sie gerade getan haben. Blicken Sie direkt in den Raum und entspannen Sie Ihren Geist. Was auch immer geschieht, seien Sie nicht besorgt." (Vajra Regent Ösel Tendzin, *Chariot of Liberation*)

Achtsames Bewusstsein bei Tätigkeiten

> **Beispiel**
>
> Ein junger Mann war auf dem Land unterwegs. Er hielt am Kloster eines Zen-Meisters, bei dem er viele Jahre zuvor studiert hatte. Er freute sich darauf, dem Meister zu zeigen, wie vollendet er mittlerweile seine Übungen ausführte und dass er nun selbst Lehrer war.
>
> Aufgrund der Monsunzeit trug er Regenschuhe und einen Regenschirm. Er ließ sie in der Diele stehen und betrat das Wohnzimmer, um den Meister zu treffen. Nachdem sie sich begrüßt hatten, fragte der Meister:
>
> „Haben Sie in der Diele Ihren Regenschirm auf der rechten oder linken Seite Ihrer Regenschuhe hingestellt?"
>
> Da er sich nicht bewusst war, wie er seine Habseligkeiten verlassen hatte, erkannte der neue Lehrer, dass er sein praktiziertes achtsames Bewusstsein noch weiter verbessern musste.

Achtsames Bewusstsein bei einer Tätigkeit bedeutet: Egal, was Sie tun, Sie müssen vollständig in der Gegenwart sowie aufmerksam sein und Ihre Aufmerksamkeit erneut auf die Aufgabe fokussieren, wenn Ihr Geist abschweift. Sie können achtsames Bewusstsein bei vielen einfachen täglichen Tätigkeiten üben. Zähne putzen, das Bett machen, sich anziehen, den Tisch decken, spülen, den Fußboden fegen – all dies sind großartige Gelegenheiten, um achtsames Bewusstsein bei einer Tätigkeit zu üben.

> Essen, Trinken und sportliche Aktivitäten mit achtsamem Bewusstsein sind die Grundlage für Erfolg in Ihrem Abnehm-Programm sowie für Ihre allgemeine Gesundheit und Ihr Wohlbefinden.

Durch ein erweitertes Bewusstsein können Sie Ihre Verhaltensmuster erkennen und es ist Ihnen möglich, Ihre

2 Das NINJA-System® Veränderung ohne Leiden

Erfolge zu intensivieren und aus Ihren Fehlern zu lernen. Da achtsames Bewusstsein die Fähigkeit ist, den gegenwärtigen Moment vollständig ohne befangenes Urteil zu erleben, bietet es eine Gelegenheit, Dinge über sich selbst zu entdecken, die Sie vielleicht vorher nicht bemerkt haben.

Achtsamkeit gegenüber Ihren Handlungen schenkt Ihnen mehr Selbstkontrolle; Sie können z. B. den Kühlschrank öffnen, um eine Flasche Mineralwasser herauszunehmen, finden dabei ein übrig gebliebenes Stück Kuchen und haben dieses im Handumdrehen gegessen. Achtsames Bewusstsein gibt Ihnen – bevor Sie handeln – Zeit sowie Raum zum Nachdenken und zum Entscheiden, ob der Kuchen die Kalorien wirklich wert ist, und zum Vermeiden der schmerzlichen Reue (falls Sie den Kuchen gegessen haben).

Achtsamkeit beim Sprechen und Denken ist entscheidend für die Bekämpfung selbstzerstörerischer Erklärungen und Rechtfertigungen, die bei Diäthaltenden üblich sind:

- Sobald ich anfange, kann ich nicht aufhören, bevor die ganze Tüte leer ist.
- Ich kann es nicht ändern, ich bin eben so.
- Ich bin müde, ich werde morgen doppelt so viel Sport treiben.
- Ja, ich habe einen Donut gegessen. Aber im Gegensatz zum letzten Mal habe ich jetzt kein halbes Dutzend von ihnen gegessen.

Mit achtsamem Bewusstsein können Sie sich selbst hören, aber entscheiden, Ihrem eigenen Gerede nicht zu glauben.

Üben Sie achtsames Bewusstsein beim Essen
Beginnen Sie mit etwas Einfachem wie z. B. einer Schüssel Müsli oder Beeren. Sie sitzen in guter Körperhaltung am Tisch, Ihre Hände liegen in Ihrem Schoß und die Schüssel mit Essen steht vor Ihnen. Bewegen Sie sich sehr langsam und beobachten Sie alle Ihre Bewegungen so detailliert wie möglich, ohne einen Kommentar oder ein Urteil abzugeben. Strecken Sie langsam Ihren Arm aus, heben Sie Ihren Löffel an und nehmen einen Löffel voll Essen aus der Schüssel. Führen Sie den Löffel zu Ihren Lippen und stecken Sie ihn in den Mund.

Legen Sie den leeren Löffel wieder auf den Tisch und Ihre Hände zurück in Ihren Schoß. Kauen Sie langsam und nehmen Sie Geschmack sowie Konsistenz wahr, bis Sie diesen Bissen hinuntergeschluckt haben.

Wiederholen Sie den Vorgang noch ein paar Mal, erhöhen Sie dabei Ihre Geschwindigkeit, bis Sie nahezu im normalen Tempo agieren und achten Sie dabei trotzdem weiterhin bewusst auf Ihre Tätigkeiten.

Vielleicht stellen Sie fest, dass Sie sich sehr anmutig bewegen und alles auf eine sehr elegante Art und Weise ausführen. Dieses achtsame Bewusstsein für Bewegung ist die gleiche Übung, die bei den verschiedenen Zen-Künsten Japans Anwendung findet. Mein Lehrer, Chögyam Trungpa, beschrieb es als Ausdruck von Kunst im Alltag.

„Beim Gehen gehen Sie nur,
   beim Essen essen Sie nur." (Zen-Sprichwort)

PUNKTE, DIE SIE SICH AUS TEIL 2 MERKEN SOLLTEN
- Zeit und Raum zum bewussten, nicht reaktiven Reagieren.
- Im Hier und Jetzt sein.
- Ihr Geist ist mehr als nur Ihre Gedanken.

2 Das NINJA-System® Veränderung ohne Leiden

- Das Wesen der Veränderung.
- Das NINJA-System®.
  - Erforderliche Absicht.
  - Urteilsfreies Bewusstsein.
- Verpflichtung gegenüber Ihrer Absicht.
- Urteilsfreies Wiegen.
- Übungsphasen zu achtsamem Bewusstsein.
- Achtsames Bewusstsein beim Handeln.

3

Essen Sie weniger

drei „zu's" und drei „s"

Die ***drei „zu"*** sind Hindernisse beim Abnehmen:

- **zu** viel essen
- **zu** schnell essen
- **zu** lang essen

Es handelt sicher hierbei um Gewohnheiten, die verhindern, dass Sie Gewicht verlieren bzw. das niedrigere Gewicht halten.

Die ***drei „s"*** machen es Ihnen leichter, weniger zu essen:

- **s**pärlichere = kleinere Portionen
- **s**tückchenweise = langsamer essen
- **s**topp = hören Sie früher mit dem Essen auf

Es sind Gewohnheiten, die Sie beim Abnehmen unterstützen und Ihnen helfen, das niedrigere Gewicht zu halten.

Natürlicher Stellenwert von Essen

Die *drei „zu"* – zu viel, zu schnell, zu lange essen – können auf menschliche, in der fernen Vergangenheit notwendige Überlebensinstinkte zurückgeführt werden. Essbares war knapp. Unsere Vorfahren waren veranlagt, möglichst viel – so schnell und solange sie konnten – zu essen. War alles Essbare vertilgt, hörten sie auf. Essen war keine Entscheidungssache.

In der modernen Gesellschaft, in der für die meisten von uns keine Gefahr einer Hungersnot mehr besteht, können wir entscheiden, wie wir mit Essen umgehen. Möchten wir abnehmen oder unser Gewicht halten, müssen wir uns unserer tiefsitzenden Essimpulse bewusst werden/sein.

Wir müssen die drei „zu" in unseren Essgewohnheiten erkennen und die Abhilfemaßnahmen der drei „s" anwenden: spärlichere/kleinere Portionen essen, stückchenweise und langsamer essen sowie früher mit dem Essen stoppen. Sie können das NINJA-System® anwenden, um auch tief verwurzelte Gewohnheiten zu ändern.

Es ist nicht IHR Hunger

Für unsere Vorfahren war Hunger tatsächlich mit der Möglichkeit zu verhungern verknüpft. Hungergefühl war mehr als eine unangenehme Empfindung; es war ein Gefahrensignal.

3 Essen Sie weniger

Wir sind noch immer zu einer angeborenen negativen Reaktion auf Hungergefühl veranlagt. Es löst Angst und Sorgen aus. Hungrig zu sein ist ein schlechtes Gefühl, das wir loswerden müssen. Wir geraten in Panik und wollen essen – je früher, desto besser!

Es fühlt sich natürlich an, wenn wir bei großem Hunger sagen: „Ich verhungere!" Stimmt das? Sofern Sie nicht bereits zuvor tagelang nichts gegessen haben und auch in Kürze nichts essen werden, verhungern Sie nicht.

Denken Sie daran, es ist nicht einmal *Ihr* Hunger, auf den Sie reagieren, sondern der Hunger Ihrer Ur-Ur-Ur-Ur-Ur-Ur-Urgroßeltern.

Ihre instinktiven, impulsiven Reaktionen auf Hunger – zu viel, zu schnell, zu lange essen – sind nicht mehr notwendig und schaden in der Tat Ihrer Gesundheit und Ihrem Wohlbefinden. Eine Veränderung Ihrer Einstellung zu Hunger ist ein Schritt, um die *drei „zu"* zu überwinden. Wenn Sie zwischen den Mahlzeiten ein wenig hungrig sind, ist es nichts, wovor Sie Angst haben müssen.

Wenn Sie sich vorstellen, dass „ein wenig hungrig" bedeutet, dass Sie einerseits keinen „Treibstoff" mehr haben und jetzt mit der Fettverbrennung beginnen und sich andererseits jetzt Ihr Magen zusammenzieht, mag sich das gar nicht so schlecht anfühlen.

Historisch gesehen war Gewichtsverlust ein Gefahrenzeichen, während die Einlagerung von Fett gut für das Überleben war. Aber Ihre Ziele sind gegenteilig hierzu. Um Ihr Abnehm-Programm zu unterstützen, sollten Sie sich entscheiden, lieber ein wenig Hunger zu haben als sich vollgestopft zu fühlen. Sie möchten lieber abnehmen, sich leichter und dünner fühlen. Sie möchten, dass sich dieser Wunsch über den Instinkt hinwegsetzt, Kalorien zu sich zu nehmen, die sich in Fett verwandeln.

Möglicherweise beeinflusst eine Änderung Ihrer Einstellung sogar Ihren zellulären Stoffwechsel. Wenn Sie die

Fettverbrennung für eine gute Sache halten und Sie kein Fett als Ressource aufbewahren möchten, kann Ihr Stoffwechsel möglicherweise die Botschaft „Verbrenne Babyspeck" erhalten.

> **Wichtiger Hinweis** Diese Einstellung zu Hunger ist NICHT für Personen mit einer Essstörung (Abneigung gegen Essen) geeignet. Leiden Sie an irgendeiner Essstörung, ist es wichtig, einen Facharzt zu konsultieren.

Haben Sie wirklich Hunger?

„Sie haben Gedanken, aber Sie sind nicht Ihre Gedanken. Die Übung besteht darin, nicht hilfreiche Gedanken zu erkennen und zu hören – aber nicht auf sie zu hören!" (aus dem Abschn. „Verstehen Sie Ihren Geist")

Nur weil Sie denken „Ich habe Hunger", muss das nicht stimmen.

Sind Sie wirklich hungrig? Wenn Sie glauben Hunger auf einen Keks zu haben aber stattdessen keinen Apfel essen würden; möchten Sie vielleicht einen Keks essen aber Sie sind nicht wirklich hungrig.

Mutter: Johnny, iss deine Erbsen und Möhren.
Johnny: Das kann ich nicht; ich bin satt.
Mutter: Oh, ich verstehe. Dann vermute ich, dass du auch keinen Platz mehr für Eis in Deinem Bauch hast.
Johnny: NEIN! Ich habe noch Platz für Nachtisch, nur nicht für Erbsen und Möhren.

Es gibt verschiedene Arten von Appetit, die sich als Hunger tarnen:

- Sind Ihre Augen hungrig?
  Hat das Bild einer Tiefkühlpizza im Fernsehen Sie dazu verleitet, einen Pizzalieferservice anzurufen? Müssen Sie sich wirklich alles nehmen, was auf dem Buffet gut aussieht oder sind Ihre Augen zu groß für Ihren Magen?
- Ist Ihre Nase hungrig?
  Riechen Sie Pommes Frites, wenn Sie durch das Einkaufszentrum Richtung Gastronomiebereich gehen obwohl Sie bereits zu Mittag gegessen haben? Riechen Sie Popcorn und stellen sich in der Schlange an, obwohl der Film begonnen hat und Sie gerade erst zu Abend gegessen haben?
- Ist Ihr Geist hungrig?
  Haben Sie gemerkt, dass Ihre übliche Zeit zum Mittagessen verstrichen ist und denken: „Ich sollte besser etwas essen" und gehen direkt zum Kühlschrank? Auch wenn Sie nicht mehr hungrig sind, denken Sie: „Ich sollte meinem Teller leer essen."

Anblicke, Gerüche sowie Gedanken an Essen können Appetit auslösen und Ihnen das Gefühl vermitteln, hungrig zu sein, auch wenn Sie es gar nicht sind.

Denken Sie daran, Ihr achtsames Bewusstsein einzusetzen, um einen Schritt zurückzugehen und wahrzunehmen, was Sie tatsächlich verspüren. Das gibt Ihnen den Raum und die Zeit, um zu entscheiden, wie Sie bewusst statt reaktiv reagieren.

Bevor Sie essen, fragen Sie sich: „Bin ich wirklich hungrig?"

Probieren Sie Folgendes aus
Gehen Sie durch eine Checkliste, wenn Sie an Essen denken, und fragen Sie sich: „Bin ich wirklich hungrig, oder:

- Sind meine Augen hungrig? Sieht das, was ich essen möchte, einfach nur gut aus? Hätte ich das gleiche Gefühl, wenn ich stattdessen etwas Gesünderes essen würde? Muss ich mir so eine große Portion nehmen?"
- Ist meine Nase hungrig? Löst der Geruch von Nahrung Gelüste in mir aus? Hatte ich geplant, das zu essen?"
- Ist mein Geist hungrig? Esse ich, weil die Zeit dazu gekommen ist? Esse ich, weil andere essen? Esse ich als Trost bei Stress oder bestimmten Emotionen?"

Wie Katzen und Hunde essen

Katzen und Hunde leben von ihren Instinkten. Wenn es ums Fressen geht, haben Katzen – im Gegensatz zu Hunden – eine Art Regulierer.

Stellen Sie eine Schüssel mit Futter vor eine Katze. Die Katze schnuppert ein wenig an dem Futter und wenn sie nicht hungrig ist wird sie nichts fressen. Hat sie Hunger, frisst sie so lange, bis sie satt ist. Katzen fressen, um zu (über)leben.

Stellen Sie eine Schüssel mit Futter vor einen Hund. Der Hund wird an Ihnen vorbeilaufen, die Schüssel leer essen, das übrig gebliebene Futter in der Katzen-Schüssel aufessen und anschließend um noch mehr Futter betteln. Hunde leben, um zu fressen.

Hunde fressen nicht, weil sie hungrig sind. Sie fressen, weil sie Esser sind. Sie fressen so viel Futter wie möglich, so schnell und solange sie können. Hunde sind so veranlagt.

Wir dürfen nicht vergessen, dass die Instinkte, zu viel, zu schnell und zu lange zu essen, gewohnheitsmäßige Reaktion unserer Vorfahren auf Hunger sind.

Wie Hunde zu essen, war für sie angemessen, aber nicht mehr für uns.

Wir müssen kleinere Mengen und langsamer essen sowie zudem früher mit dem Essen aufhören. Wir müssen anders auf Hunger reagieren. Wie Katzen zu essen, ist für uns geeigneter.

Wie viel ist „genug"?

Es gibt einen großen Unterschied zwischen dem Gefühl, „nicht mehr hungrig" und „total voll" zu sein.

Die Amerikaner sagen: „Ich bin vollgestopft" oder „Ich konnte keinen weiteren Bissen zu mir nehmen." Auf der anderen Seite verwenden die Franzosen den Ausdruck *„je n'ai plus faim"*, was bedeutet: „Ich habe keinen Hunger mehr." Das ist eine viel gesündere Art zu bestimmen, wie viel genug ist.

Es ist schwer zu wissen, wie viel Essen genug ist, wenn uns im Restaurant riesige Portionen serviert werden, unbegrenztes Selbstbedienen am Buffet angeboten wird und wir von Supermodels in Bikinis in Versuchung gebracht werden, den dreistöckigen Speck-Käse-Burger zu essen, der größer ist als unser Kopf.

Wir stopfen uns aufgrund unserer Gewohnheiten – zu viel, zu schnell und zu lange zu essen – voll. Das muss nicht so sein. Üben Sie mit achtsamem Bewusstsein, langsamer zu essen. Dabei können hin und wieder kurze Pausen eingelegt werden. Dies hilft Ihnen zu erkennen, wie satt Sie werden. Mit dem *NINJA-System*® entwickeln Sie die Gewohnheit, mit dem Essen aufzuhören, sobald Sie nicht mehr hungrig sind, anstatt sich vollzustopfen.

Sie können sich vollkommen zufrieden fühlen, ohne bis „obenhin vollgestopft zu sein". Sie fühlen sich ohne das extreme Völlegefühl erheblich besser.

Anwendung von NINJA

Eine halbe Stunde nach jeder Mahlzeit bewerten Sie zwei Dinge: 1) wie satt sind Sie Ihrer Meinung nach (0 – 100 %), und 2) wie fühlt sich Ihr Magen an (5 = hervorragend; 0 = schrecklich). Achten Sie darauf, wie Sie sich fühlen, wenn Sie essen, bis „nichts mehr in Sie hineinpasst" bzw. wenn Sie mit dem Essen aufhören, sobald Sie keinen Hunger mehr haben. Sie werden anfangen, weniger zu essen, weil Sie sich besser fühlen werden, wenn Sie mit dem Essen aufhören, sobald Ihr Hunger gestillt ist. Weniger essen bedeutet, dass Sie weniger wiegen – und Sie haben bei der „Wiege weniger"-Übung erfahren wie gut sich das anfühlt.

Gut zu wissen

Ihr Magen schrumpft nicht wirklich auch wenn Sie möglicherweise das Gefühl haben. Wenn Sie daran gewöhnt sind Ihren Magen durch „sich Überfressen" auszudehnen, dauert es länger bis sich bei Ihnen ein Sättigungs-Gefühl einstellt. Auch das Gegenteil ist der Fall. Sind Sie daran gewöhnt, kleinere Mengen zu essen, indem Sie früher aufhören, fühlen Sie sich auch früher satt.

Geben Sie dem Essen Zeit zu sacken

Denken Sie daran, wie sich die Tankanzeige an Ihrem Auto verhält, während Sie Ihren Wagen betanken. Wenn sich der Zapfhahn abschaltet, zeigt die Anzeige einen ca. zu ¾ gefüllten Tank an.

Erst wenn Sie von der Tankstelle wegfahren, zeigt die Tankanzeige den neuesten Stand an und Sie sehen, dass der Tank voll ist.

Unsere Körper arbeiten genauso. Es braucht Zeit, bis unser Verstand realisiert, wie voll unsere Mägen sind – bis zu 20 min! Wir müssen dem Essen Zeit geben zu sacken, wenn wir mit dem Essen aufhören wollen, bevor wir uns vollgestopft haben.

Probieren Sie Folgendes aus
Teilen Sie Ihre normale Abendessen-Portion in drei Drittel. Nachdem Sie jeweils ein Drittel gegessen haben, machen Sie ein paar Minuten Pause und überlegen Sie, wie satt Sie sich fühlen. Wenn Sie noch hungrig sind, essen Sie ein weiteres Drittel, warten Sie und denken erneut über Ihr Sättigungsgefühl nach. Vielleicht stellen Sie fest, dass Sie viel weniger Nahrung benötigen als Sie geglaubt haben, um „nicht mehr hungrig" zu sein.

Hilfreiche Tipps

- Machen Sie zwischen den Gängen oder nach einigen Bissen eine Pause.
  Sie können sich mit ein paar tiefen, achtsamen Atemzügen entspannen. Je langsamer Sie essen, desto eher werden Sie erkennen, dass Sie genug haben.
- Machen Sie vor dem Nachtisch einen 20-minütigen Spaziergang oder eine andere Pause, um Ihrem Gehirn Zeit zu geben, zu registrieren, wie satt Sie sind. Wenn Sie nicht mehr hungrig sind, wird es einfacher sein, auf den Nachtisch zu verzichten.

Diese Tipps sind besonders wichtig für Buffets und Mahlzeiten im Kreis der Familie, bei denen Sie wahrscheinlich mehr und schneller essen, als Sie es normalerweise tun.

Nehmen Sie keinen Nachschlag

Weniger zu essen bedeutet, seine Einstellung zu ändern. Anstatt sich darum zu sorgen, nicht genug zu bekommen, fangen Sie an, sich nicht zu viel Essen auf den Teller zu häufen. Sie entscheiden sich, dem zu vielen, zu schnellen und zu langen Essen mit einem „Nein" zu begegnen.

Vor einigen Jahren beschloss ich, dass es an der Zeit war, etwas abzunehmen, weil die Waage, als ich mich auf sie stellte, ca. 90 kg – und noch etwas mehr – anzeigte. Ich entschloss mich zu einer Diät, fragte mich aber: „Was würde passieren, wenn ich, anstatt mir irgendwelches Essen vorzuenthalten, alles esse, was ich möchte, jedoch nur in kleineren Portionen?".

Im ersten Schritt versprach ich mir, keinen Nachschlag mehr zu nehmen.

Es war nicht so, dass ich immer einen Nachschlag gebraucht hatte. Vielmehr war es Ausdruck meiner Absicht, weniger zu essen. Gleichzeitig erinnerte ich mich daran, wie vollgestopft ich mich oft nach einem Nachschlag gefühlt hatte. Wenn ich jedoch langsam und achtsam aß, konnte ich Geschmack und Konsistenz viel besser genießen.

Dies erwies sich als ein einfacher Weg, um jegliche Trägheit und jeden Widerstand gegen Diäten zu umgehen. Es war eine sanfte Methode, Kalorien zu reduzieren, ohne meine Essensauswahl einzuschränken.

Am Anfang nahm ich eine ordentliche Portion von allem, um sicher zu sein, dass ich genug zu essen bekam. Aufgrund meiner Absicht, weniger zu essen begann ich immer kleinere Portionen zu nehmen. Bald entschied ich mich sogar für einen kleineren Teller.

Ich bewegte mich in die richtige Richtung aber ich beschloss, dass ich noch mehr tun konnte.

Wenn ein Snack kein Snack ist

Ich versprach mir, auch nicht eingeplante Snacks abzulehnen und mich daran zu erinnern, dass es gar nicht so schlimm war, sich für ein Weilchen ein wenig hungrig zu fühlen.

Anstatt zwischen den Mahlzeiten zu essen, trank ich ein Glas Wasser, was nachstehende drei Vorteile mit sich brachte:

- Für den Wasserhaushalt ist es gut, viel Wasser zu trinken; schließlich besteht unser Körper mehr als zur Hälfte aus Wasser.
- Sie könnten in Wirklichkeit mehr Durst als Hunger haben; Durst kann sich als Hunger tarnen. Trinken Sie Wasser, um Ihren Durst zu stillen, wird oft auch Ihr Hunger verschwinden.
- Selbst wenn Sie ein bisschen hungrig sind, kann ein Glas Wasser den Magen etwas füllen und damit das Hungergefühl ein wenig lindern.

Wenn das für Sie beste Ernährungsprogramm fünf oder sechs kleinere Mahlzeiten enthält oder Ihnen etwas Essen zwischen Ihren drei Hauptmahlzeiten erlaubt, ist das kein Problem. Nutzen Sie einfach einen anderen Begriff. Nennen Sie den Snack nicht „Snack", sondern stattdessen *„geplante kleine Mahlzeit"*. Dann können Sie Nachschläge und Snacks (die keine kleine geplante Mahlzeit sind) ablehnen und viel Wasser trinken.

Probieren Sie Folgendes aus

- Verwenden Sie einen Strohhalm, um mit Ihrem Glas Wasser etwas mehr Spaß und Abwechslung zu haben.

- Sprudelwasser hat aufgrund seines Kohlensäuregehalts eine zusätzliche Eigenschaft im Vergleich zu stillem Wasser.
- Kalorienfreies Sprudelwasser mit natürlichen Aromastoffen sorgt für zusätzlichen Geschmack.

Warten Sie eine – oder auch fünf – Minute(n)

Ist Ihnen das jemals passiert? Sie hatten Hunger und bereiteten gerade Ihr Mittagessen vor, als das Telefon klingelte. Sie nahmen den Anruf entgegen, sind ins Plaudern gekommen und 20 min später lag Ihr Sandwich noch immer auf dem Teller. Ihr Hunger war während des Telefonats in den Hintergrund gerückt.

Wenn Sie Hunger haben und über einen ungeplanten Snack nachdenken, sollten Sie sich eine Auszeit gönnen. Geben Sie sich etwas Raum und Zeit, um bewusst sowie nicht reaktiv darauf zu reagieren. Rufen Sie sich Ihre Absicht, Snacks abzulehnen, in Erinnerung und denken Sie daran, dass ein wenig Hunger nichts ist, vor dem Sie Angst haben müssen (oder Panik, ihn loszuwerden).

Die Entscheidung, etwas länger zu warten, bevor Sie mit dem Essen beginnen, gibt Ihnen ein Gefühl der Macht über Ihren Hunger. Eine Entscheidung, wie und wann Sie auf ihn reagieren.

Denken Sie: „Ich kann 5 min warten", trinken Sie Wasser und beschäftigen Sie sich mit einer Aufgabe, die Ihren Hunger in den Hintergrund stellt. Kehrt Ihr Hungergefühl zurück, wiederholen Sie diese Verzögerungstaktik, bis die Zeit für Ihre nächste geplante Mahlzeit gekommen ist. Warten Sie jedoch nicht zu lange sonst werden Sie zu hungrig. Dann könnten Sie mit übermäßigem Essen reagieren.

Wenn Sie sich in dieser Situation mehr als nur ein Mal befinden, passen Sie Ihren Zeitplan an oder fügen Sie eine geplante kleine Mahlzeit zwischen Ihren Hauptmahlzeiten ein.

Hilfreiche Tipps

- Das „Arbeitsglas": Wenn Sie sich mit einer Aufgabe beschäftigen, ist es einfacher, Zeit bis zur nächsten geplanten Mahlzeit zu schinden. Stellen Sie sich ein „Arbeitsglas" auf die Arbeitsplatte in der Küche und nehmen Sie sich daraus etwas Arbeit anstatt zu essen.
- Der Mittagsschläfchen-Snack: Wenn Sie am Nachmittag Hunger bekommen, überprüfen Sie, ob Sie sich nicht viel eher müde oder schläfrig fühlen. Wenn ja, probieren Sie einen „Mittagsschläfchen-Snack" aus: D. h. Sie machen ein Nickerchen anstatt einen Snack zu essen. Suchen Sie sich einen gemütlichen Ort für ein 10 bis 15-minütiges Schläfchen. Nach dem Aufwachen trinken Sie ein Glas Wasser und fahren mit Ihrem Tag fort.

Manchmal müssen Sie „Nein" sagen

„Ich darf keine Schokolade im Haus haben. Egal, wo ich sie verstecke, höre ich sie rufen: Ich bin hier. Komm und iss mich. Iss mich jetzt! Die einzige Möglichkeit, den Ruf verstummen zu lassen, bestand im Verzehr der Schokolade." (Klagelied eines Diäthaltenden)

Knabbereien enthalten in der Regel viel Salz, Zucker und/oder Fett, was unser Verlangen nach ihnen auslöst. Und dieses Verlangen macht es so schwer, mit dem Essen aufzuhören, sobald wir damit angefangen haben.

Fragen Sie sich: „Bin ich wirklich hungrig und bereit, etwas Gesundes zu essen? Oder habe ich einfach nur Heißhunger auf Süßigkeiten oder Chips?" Denken Sie daran, dass ein Verlangen nach Knabbereien wahrscheinlich nicht wirklich Hunger ist.

Wenn Sie von herumliegenden Knabbereien angesprochen und verführt werden, wird es für Sie mit diesem Wissen einfacher sein, im entsprechenden Gang im Supermarkt „Nein" zu sagen und die Knabbereien von Ihrem Zuhause fernzuhalten.

Ob es darum geht, einen Nachschlag bei einer Mahlzeit bzw. Knabbereien abzulehnen oder im Supermarkt „Nein" zu sagen – irgendwann müssen Sie einfach „Nein" sagen.

Üben Sie Folgendes
Wenn Sie mit der Diät beginnen, machen Sie die „Wiege weniger"- Übung mindestens einmal pro Woche. Es wird Sie daran erinnern, wie gut es ist, sich leichter zu fühlen und Ihre Entschlossenheit stärken, „Nein" zu ungeplanten Snacks zu sagen.

Löschen und Ersetzen
Wenn Sie nicht „Nein" zur Menge/Größe einer Mahlzeit sagen wollen, *löschen* Sie kalorienreiche Lebensmittel und ersetzen Sie sie durch kalorienärmere Lebensmittel. Zum Beispiel können Sie auf Pommes Frites als Beilage verzichten und stattdessen einen Salat essen. Selbst mit einem Dressing hat der Salat noch viel weniger Kalorien als die Pommes. *Das NINJA-System*® kann Ihre positiven Entscheidungen verstärken. Machen Sie jedes Mal einen Strich, wenn Sie auf ein ungesundes Lebensmittel verzichten und durch ein gesundes Lebensmittel ersetzen.

Sie sind nicht Ihr Verlangen

> **Beispiel**
>
> Eines Tages entschied mein Lehrer, dass es Zeit war, mit dem Verzehr von Süßigkeiten zu pausieren. Von heute auf morgen; einfach so.
> Ein paar Tage später saß er mit ein paar seiner Studenten beim Abendessen. Es war Zeit für das Dessert und vor ihm wurde sein Lieblings-Schokoladenkuchen hingestellt. Dann wurde jedem Gast ein Stück serviert. In diesem Moment erinnerte ich mich, dass mein Lehrer aufgehört hatte, Süßigkeiten zu essen. Also sagte ich: „Entschuldigen Sie, Herr, wäre es Ihnen lieber, wenn wir den Nachtisch auslassen würden und der Kuchen abgeräumt würde?"
> Er sagte: „Nein, es ist okay."
> Verwirrt fragte ich: „Aber stört es Sie nicht, dass der Kuchen vor Ihnen steht?"
> Er dachte eine Sekunde lang nach und antwortete dann: „Nein, nicht wirklich", was mich noch mehr verwirrte.
> „Aber verspüren Sie dann nicht den Wunsch, Kuchen zu essen?"
> „Schon, aber ich nehme den Wunsch nicht persönlich."

Verlangen ist eine Art Emotion und Ausdruck von Begehren. Sie können mit Ihrem Verlangen genauso arbeiten, wie Sie mit Ihren Gedanken beim Üben achtsamen Bewusstseins arbeiten. Nur weil Sie sich nach etwas sehnen, heißt das nicht, dass Sie darauf reagieren müssen.

Wenn Sie Heißhunger auf ein bestimmtes Essen haben, sollten Sie sich einfach dieses Gefühls bewusst sein, ohne darauf zu reagieren. Wenn Sie ihm Zeit geben, wird der Heißhunger vergehen.

Zum Beispiel: Vielleicht haben Sie nach einer Mahlzeit das Gefühl, unbedingt etwas Süßes haben zu müssen. Dann klingelt es an der Tür und ein Paket wird angeliefert. Sie nehmen die Schere und öffnen das Paket, das den neuen Pullover beinhaltet, den Sie bestellt hatten. Sie gehen ins Schlafzimmer, um ihn anzuprobieren und Ihr Geist ist nicht länger auf Essen fokussiert. Was ist aus dem Verlangen geworden? Es ging vorüber, genau wie jede andere Gefühls- oder Gedankenwelle im Meer Ihres Geistes. Nehmen Sie Ihren Heißhunger nicht persönlich, brauchen Sie weder darauf zu reagieren noch ihm nachzugeben.

Üben Sie Folgendes
Wenn Sie ein Verlangen nach etwas haben, hören Sie auf, tief in sich hineinzuhorchen.

Nehmen Sie Ihre achtsame Bewusstseinshaltung ein und machen Sie einen Body Scan, um zusätzliche Spannung aufzulösen. Geben Sie Ihren Geist ganz der inneren Wahrnehmung Ihrer Gefühle hin und lassen Sie los, so dass Sie sich von jeder mentalen Geschichte befreien.

Fragen Sie sich: „Wo in meinem Körper spüre ich das Verlangen? Wie stark ist es an jeder Stelle in meinem Körper? Ist es stabil, schwankt es, verwandelt es sich in verschiedene Empfindungen?

Ändert sich die Beschaffenheit des Verlangens, wenn Sie sich eher anspannen als entspannen? Wird es während Ihrer Beobachtung stärker oder nimmt es ab? Ist es mit einer Geschmacksrichtung verbunden – süß, sauer, salzig?"

Stellen Sie ein Verlangen in den Mittelpunkt Ihrer Beobachtung, schaffen Sie dadurch eine gewisse Distanz zu ihm. Wenn Sie sich nicht mit einem Verlangen identifizieren, sind Sie nicht gezwungen, darauf zu reagieren. Sie nehmen ihm seine Kraft. Sie werden feststellen, dass Sie ein Verlangen haben, aber Sie sind nicht Ihr Verlangen.

Ist es die Kalorien wert?

Es kann das Brot in einem Korb, Kartoffeln als Beilage oder ein Dessert auf der Speisekarte sein. Es könnte ein Gebäck im Café sein oder die Backwaren im Pausenraum bei der Arbeit. Wann immer Sie schwanken, ob Sie etwas essen oder nicht, stellen Sie sich zuerst die Frage: „Ist es die Kalorien wert?".

Lautet die Antwort „ja", greifen Sie zu und genießen Sie es. Ist die Antwort „nein", sagen Sie auch einfach „nein".

Um zu entscheiden, ob ein Essen „die Kalorien wert" ist, müssen Sie wissen, wie viel Kalorien es hat. Es ist nicht schwer, diese Info auf Ihrem Mobilgerät nachzuschlagen. Kalorienangaben sind immer auf verpackten Lebensmitteln gedruckt und immer mehr Restaurants stellen sie zur Verfügung.

> Eines Morgens überlegte ich in einem Coffee-Shop, mir einen Zucchini-Walnuss-Muffin zu kaufen. Er schien eine gesunde Option zu sein, glich eher einem Salat als einer Süßigkeit. Aber er hatte fast 500 Kalorien – sogar mehr als der Schokoladen-Fondant-Brownie! Ich fragte mich: „Ist der Muffin die Kalorien wert?" Mein Wissen, dass ich mehr als zwei Stunden flott gehen müsste, um diese Kalorien zu verbrennen, machte es mir leicht „NEIN!" zu sagen.

Lassen Sie sich nicht von süchtig machendem Heißhunger auf Zucker, Salz oder Fett beeinflussen. Ein Augenblick achtsamen Nachdenkens ist hilfreich, denn der Heißhunger lässt nach und Sie können ein gesünderes Essen auswählen.

Probieren Sie Folgendes
Wasser hat null Kalorien. Es lohnt sich *immer*. Trinken Sie vor dem Essen ein Glas Wasser. Es wird Ihnen helfen, kleinere Portionen zu nehmen und früher mit dem Essen aufzuhören.

Verkleinern Sie das Zeitfenster

Sie sollen nicht nur bei dem, **was** Sie essen, früher aufhören, sondern auch, **wann** Sie essen.

Beschränken Sie Ihr Essen täglich auf ein begrenztes Zeitfenster. Forschungsergebnisse zeigen, dass Menschen, die dies tun, im Vergleich zu Leuten, die jederzeit essen, mit niedrigerer Wahrscheinlichkeit zunehmen und mit größerer Wahrscheinlichkeit abnehmen.

Die Verkleinerung des Zeitfensters zum Essen wird manchmal als „intermittierendes Fasten" oder „Intervallfasten" bezeichnet. Sie fasten vom Ende Ihres Zeitfensters zum Essen an einem Tag bis zum Beginn des Zeitfensters zum Essen am nächsten Tag.

Das ideale Zeitfenster zum Essen scheint acht oder neun Stunden zu betragen. Aber es wurden auch noch gute Ergebnisse bei einem 12-h-Zeitfenster erreicht. Es funktionierte sogar trotz gelegentlicher Ausrutscher in diesem Zeitplan.

Vermeiden Sie, mehr als 12 h am Stück zu essen, d. h. wenn Sie z. B. um 7 Uhr gefrühstückt haben, sollten Sie Ihr Abendessen bis 19.00 h beendet haben.

Diejenigen, die aufgrund ihres Zeitplans das Abendessen nicht bis 21.00 h beenden können, sollten morgens bis 9.00 Uhr mit dem Frühstücken warten (Tee oder Kaffee zählen nicht, sofern Sie ihn ohne Milch und Zucker trinken). Wenn Sie Ihr Zeitfenster zum Essen auf weniger als 12 h verkleinern können, ist das noch besser.

Unter Ärzten und Ernährungswissenschaftlern sagt man häufig: „Wer abnehmen will, sollte leicht hungrig ins Bett gehen." Das macht Sinn, denn man verbrennt beim Schlafen nicht so viele Kalorien wie während der Arbeit am Tage.

Allerdings ist es kontraproduktiv, so hungrig ins Bett zu gehen, dass man nicht schlafen kann. Also übertreiben Sie es nicht. Ihr Abnehm-Programm darf eine kleine geplante Mahlzeit am Abend enthalten. Wenn Sie können, planen Sie diese früh genug ein, um Ihr maximal 12 h-Essens-Zeitfenster einzuhalten.

Ein „Mitternachts-Snack" mag lange Tradition bei Ihnen gewesen sein aber jetzt ist es Zeit mit dieser Tradition zu brechen.

Anwendung von NINJA
Schreiben Sie mit der erforderlichen Absicht, zeitlich früher mit dem Essen aufzuhören, SPÄT ESSEN auf Ihren Ninja-Notizblock. Tragen Sie mit urteilsfreiem Bewusstsein die Uhrzeit ein, wann Sie jeden Abend mit dem Essen aufhören. Sie werden feststellen, dass Sie planen, früher das Abendessen zu beenden. Sobald Sie Ihren Eintrag für den Abend gemacht haben, wissen Sie, dass Sie diese Uhrzeit ggfs. ausradieren und eine spätere Zeit eintragen müssen, wenn Sie sich nicht an das Zeitfenster halten. Das wird Ihnen helfen, jeglicher Versuchung, noch etwas zu essen, zu widerstehen.

Hilfreicher Tipp
Putzen Sie Ihre Zähne direkt nach dem Abendessen. Dann werden Sie sich zweimal überlegen, sich noch einen Abend-Snack zu gönnen; schließlich müssten Sie Ihre Zähne dann nochmals putzen.

Essen Sie einfach nur

> **Beispiel**
>
> Zwei Zen-Schüler erzählten sich gegenseitig von ihren Lehrern.
> „Mein Lehrer ist ein großartiger Meister, der erstaunliche Dinge tut. Mit drei Schwertschlägen kann er einen Apfel von einem Baum abschneiden und ihn vierteln, bevor er auf den Boden fällt. Er kann einen Pfeil in die Mitte einer Zielscheibe schießen und diesen Pfeil dann mit einem zweiten teilen."
> Der andere Schüler sagte: „Das ist ziemlich gut, aber mein Lehrer ist ein wirklich großartiger Meister, der wirklich erstaunliche Dinge tut."
> „Was kann er?", fragte der erste Schüler.
> „Wenn mein Lehrer geht, geht er einfach. Wenn er schläft, schläft er einfach. Wenn er isst, isst er nur."

Achtsames Essen bedeutet auch, sich voll und ganz – ohne jegliche Ablenkung – ums Essen zu kümmern; das wird Ihnen helfen, weniger zu essen. Es verhindert die drei „zu" und unterstützt die drei „s". Sie werden langsamer essen und früher aufhören.

Sie werden kleinere Mengen essen aber das Essen mehr genießen.

Es scheint ziemlich einfach – wenn Sie essen, essen Sie nur. Das Problem ist, dass wir kaum „nur" essen.

In der heutigen Zeit ist Multitasking angesagt. Nur selten machen wir eine Sache *nach* der anderen. Fernsehen, E-Mails und soziale Netzwerke. Wir haben das Gefühl, dass wir an allem dranbleiben müssen, während wir arbeiten, spielen und essen. Sonst verschwenden wir Zeit. Während wir essen, gucken wir also auch Fernsehen, lesen E-Mails oder surfen im Internet. Wir versuchen, Zeit zu sparen, indem wir essen, während wir (als Schüler) in andere Unterrichtsräume gehen oder zur Arbeit fahren (gefährlich – tun Sie das nicht!).

Multitasking ist jedoch nicht wirklich möglich. Der Geist kann sich jeweils nur auf eine Sache konzentrieren. Alles andere tritt in den Hintergrund. Wenn Ihr Geist während des Essens mit anderen Sachen beschäftigt ist, achten Sie weder auf den Geschmack des Essens noch auf Ihr Sättigungsgefühl. Das Essen ist im Handumdrehen aufgegessen aber Sie haben es kaum geschmeckt. Sie haben zu schnell und zu viel gegessen. Sie fühlen sich vollgestopft, sind aber nicht zufrieden.

Außerdem tritt noch auf einer ganz anderen Ebene ein Problem auf. Es entwickelt sich eine Verbindung zwischen dem Essen und dem, was Sie während des Essens tun. Gucken Sie Fernsehen oder surfen Sie im Internet, werden Sie innerhalb kurzer Zeit den Drang verspüren, etwas zu essen zu bekommen. Und „geistloses" Essen vor einem Bildschirm jeglicher Art untergräbt Ihre Absicht, weniger zu essen.

Stattdessen sollten Sie einfach nur essen, wenn Sie essen. Nehmen Sie sich die Zeit stückchenweise und damit langsamer zu essen. Achten Sie sorgsam auf den Geschmack, die Temperatur und die Textur jedes Bissens. Sie werden bessere Entscheidungen treffen, was Sie essen, sich zufriedener fühlen und merken, wenn Sie nicht mehr hungrig sind.

Hilfreicher Tipp
Decken Sie sich vor dem Essen Ihren Tisch mit Tischset, Geschirr und Besteck. Achten Sie darauf, dass er aufgeräumt und keine Geräte auf ihm stehen. Machen Sie Ihren Essplatz zu einer „achtsamen Bewusstseinszone", in der Sie entschleunigen und die Freude am Essen als Meditation würdigen können.

Legen Sie das Besteck hin

Hierbei handelt es sich um eine überraschend leistungsfähige Technik, um das achtsame Bewusstsein während der Mahlzeiten zu fördern: Um sich zu entschleunigen, legen Sie Ihr Besteck hin.

Sobald wir gerade einen Löffel Essen im Mund haben, beginnen wir oft schon damit, den nächsten Bissen auf den Löffel zu laden. Legen Sie stattdessen nach jedem Bissen Ihr Besteck wieder hin und kauen Sie in aller Ruhe, bis Sie diesen Happen hinuntergeschluckt haben.

> Ich schmeckte kaum etwas, weil ich immer damit beschäftigt war, meine Gabel oder meinen Löffel neu mit Essen zu beladen und einen Happen Vorsprung zu haben. Das Hinlegen meines Bestecks half mir, mein Essen – einen Bissen nach dem anderen – zu genießen.

Wenn Sie Ihre Gabel fest umklammern, spannen Sie vielleicht auch Ihren Kiefer an. Spannung im Kiefer können Sie auch in Ihren Schultern, Hals und Stirn spüren. Sie erstreckt sich sogar bis zu Ihren Armen, Brust, Rücken und dem Rest Ihres Körpers. Ein angespannter Kiefer kann dafür sorgen, dass sich Ihre Zehennägel hochrollen!

Vielleicht stellen Sie fest, dass Sie, wenn Sie sich an Ihrem Besteck festhalten, auch Ihren Atem anhalten! Entspannen Sie Ihren Griff, entspannt sich Ihr ganzer Körper und Sie können leichter atmen.

> Als ich mein Messer sowie meine Gabel niederlegte, habe ich bemerkt, dass ich mich entspannte und mich zwischen den Bissen auf meinem Stuhl zurücklehnte. Und ohne darüber nachzudenken, kaute ich langsamer.

Anwendung von NINJA
Um die Gewohnheit zu entwickeln, das **BESTECK HINZULEGEN**, nehmen Sie Ihren Notizblock mit an den Tisch. Jedes Mal, wenn Sie feststellen, dass Sie sich an Ihrem Besteck festhalten und beginnen, den nächsten Mundvoll auf Ihre Gabel/Löffel zu laden, während Sie noch kauen, legen Sie das Besteck hin und machen Sie einen Strich auf Ihrem Block. Sie werden schon bald achtsamer werden und legen Ihr Besteck konsequent bei jedem Bissen hin.

Achten Sie bewusst auf Ihr Essen und Ihr Kauen

Achtsam zu essen bedeutet die Konsistenz und den Geschmack zu genießen, wenn Sie das Essen in den Mund nehmen und während Sie kauen. Kauen Sie langsam und gründlich, schlucken Sie Stückchen für Stückchen hinunter, bis Ihr Mund leer ist.

Es gibt viele Übungen und Traditionen, die dazu anregen, jeden Bissen 15 bis 40 Mal zu kauen.

Diese Übung bringt mehrere Vorteile mit sich:

- Jeder Bissen liefert Ihnen mehr Geschmack, sodass Sie mit kleineren Portionen zufrieden sein können.
- Sie essen langsamer, sodass Sie merken, wenn Sie nicht mehr hungrig sind und hören früher auf zu essen.
- Sie verarbeiten das Essen gründlicher, bevor es Ihren Magen erreicht, was die Verdauung erleichtert.

Seien Sie als Letzter mit dem Essen fertig
Wenn Sie feststellen, dass Sie oft als Erster mit Ihrer Mahlzeit fertig sind, können Sie achtsames Essen üben, indem

Sie versuchen, als Letzter am Tisch noch Essen auf dem Teller zu haben.

Sie werden nicht nur von allen Vorteilen, die langsameres Essen mit sich bringt, profitieren, sondern vielleicht auch feststellen, dass Sie den sozialen Aspekt einer Mahlzeit auf eine neue Art und Weise genießen.

Wenn Sie reden, reden Sie einfach nur. Wenn Sie zuhören, hören Sie einfach nur zu. Wenn Sie essen, essen Sie einfach nur.

Genießen Sie den Geschmack

Je besser Ihr Essen schmeckt, desto mehr wird Sie die Erfahrung des Essens erfüllen. Nur ein paar Happen von etwas wirklich Leckerem können ein größerer Genuss sein als ein ganzer Teller mit weniger geschmackvollem Essen. Hochwertige Lebensmittel können teuer sein, aber sie sind ihren Preis wert, wenn Sie kleinere Portionen davon essen und trotzdem zufriedener sowie gesünder sind.

Da auch ansprechend angerichtetes Essen mehr Zufriedenheit schenken kann, spielt das Arrangement auf den Tellern in angesagten Restaurants eine so große Rolle.

Es wird Ihnen helfen, weniger zu essen, wenn Sie sich für hochwertige Lebensmittel entscheiden und sich ein paar Augenblicke mehr Zeit nehmen, um sie zuzubereiten sowie ansprechend auf dem Teller anzurichten.

Mit achtsamem Bewusstsein konzentrieren Sie sich auf den Geschmack und die Konsistenz jedes einzelnen Bissen. Langsamer essen hilft Ihnen, den Geschmack zu genießen. Das macht es einfacher, mit kleineren Portionen zufrieden zu sein.

Hilfreiche Tipps

- Beißen Sie kleinere Stücke ab. Sie können mit zwei oder drei kleinen Bissen im Mund den Geschmack länger genießen, als wenn er ganz voll wäre.
- Essen Sie langsam. Denken Sie daran, Ihr Besteck nach jedem Bissen hinzulegen. Entschleunigen Sie beim Essen, haben Sie Zeit zum Entspannen sowie zum Wahrnehmen des Geschmacks.
- Hören Sie früher mit dem Essen auf. Genießen Sie den Geschmack, können ein paar Happen eines Leckerbissens ausreichen, um Sie zufriedenzustellen. Heben Sie Essenreste auf, um Sie zu einer anderen Zeit zu genießen.

Probieren Sie Folgendes aus
Probieren Sie, mit wie vielen Bissen – zwei, drei, vier oder sogar mehr Happen – Sie eine 100-Kalorien-Portion eines Ihrer Lieblingsessen essen können. Das ist eine großartige Möglichkeit, um größtmöglichen Genuss aus einem besonderen Leckerbissen mit minimalem Schaden und minimalem Schuldgefühl zu erhalten.

Essen Sie, was Sie wirklich möchten

„Morgens um 11 Uhr aß Pooh immer gern eine Kleinigkeit, und als Rabbit ihn fragte: Honig oder Kondensmilch zu deinem Brot? war er so begeistert, dass er antwortete: Beides. Um nicht gierig zu erscheinen, fügte er hinzu: Das Brot kannst du aber gern weglassen." (A.A. Milne, *Winnie the Pooh*)

Sie wissen, was Sie mögen, also wählen Sie weniger von dem, was Sie nicht gern essen.

Zum Beispiel isst Leslie gern Pasta zum Abendessen, wobei die Sauce das Beste an diesem Essen ist. Wenn Sie eine kleinere Portion Nudeln nimmt und dazu etwas mehr Sauce, kann sie die Kalorien um ein Drittel oder mehr reduzieren.

Pat mag die Konsistenz und den Geschmack von Brot und Mayonnaise in einem Sandwich, aber der Belag ist weniger wichtig. Eine kalorienarme Option ist, das kalorienreiche Fleisch oder den Käse durch viel Salat und eine Scheibe Tomaten zu ersetzen.

Ein „oben ohne"-Sandwich – sogar bei einem Sandwich mit Erdnussbutter und Marmelade – ist eine gute Alternative, wenn Sie nicht viel auf Brot geben. Sparen Sie eine Scheibe Brot ein, sparen Sie auch einige Kalorien ein.

Herauszufinden, was Sie wirklich essen möchten, ist eine Gelegenheit, Ihr Essen mit achtsamem Bewusstsein zu planen. Diese Strategie zahlt sich in zweifacher Hinsicht aus: Sie erhalten mehr Zufriedenheit, während Sie weniger essen.

Probieren Sie Folgendes aus
Denken Sie an fünf Ihrer Lieblingsgerichte und entscheiden Sie, was Sie wirklich von jedem essen möchten. Seien Sie kreativ, wenn Sie mit kalorienärmeren Versionen aufwarten. Verwenden Sie mehr von den Zutaten, die Sie am liebsten mögen und verzichten Sie auf bzw. reduzieren Sie den Rest.

Nehmen Sie mit diesen neuen und verbesserten Rezepten ab, kreieren Sie zufriedenstellende Versionen all Ihrer üblichen Gerichte zu Hause. Essen Sie außer Haus, kann es nicht schaden, nach Austausch-Zutaten zu fragen, sodass Sie mehr von dem bekommen, was Sie wirklich essen möchten.

Das ist kein Essen

Ich mochte schon immer den Geruch und Geschmack von Speck aber ich bekomme davon Verdauungsstörungen. Ich musste eine Entscheidung treffen: beides oder keins. Sind mehrere Stunden Unwohlsein ein paar Sekunden Genuss wert?

Nein, danke!

Anstatt mir zu sagen, dass ich dieses leckere Essen nicht essen durfte, war es für mich einfacher, es in eine andere Kategorie zu verschieben. Speck war für mich kein Essen mehr. Ich überzeugte mich, dass es das Gleiche war, als würde ich auf Aluminiumfolie kauen – keine angenehme Empfindung.

Verarbeitete Lebensmittel enthalten viele Konservierungsstoffe und andere Chemikalien. Wenn ich diese auf dem Etikett lese, betrachte ich diese Lebensmittel eher als Plastik. Und Plastik esse ich nicht gern.

Egal, welche Lebensmittel Sie vermeiden möchten; es wird einfacher sein, wenn Sie diese als Metall, Kunststoff oder eine andere ungenießbare Substanz betrachten.

Sagen Sie sich einfach: „Das ist kein Essen."

Faustregel

Die gewöhnliche Kapazität Ihres Magens beträgt etwa einen Liter. Wenn Sie mehr essen, wird die Kapazität erweitert, um die größere Menge (bis zu drei- oder viermal so viel) aufzunehmen. Wenn Sie sich daran gewöhnen, die übliche Kapazität Ihres Magens überzustrapazieren, müssen Sie viel mehr essen, bevor Ihr Hungergefühl gestillt ist. Es wird für Sie zur Gewohnheit werden, zu viel zu essen und infolgedessen zuzunehmen.

Um abzunehmen, müssen Sie das Gegenteil tun. Bleiben Sie bei kleineren Portionen, werden Sie Ihren Magen nicht überladen.

Nachfolgend ein paar anschauliche Regeln, die Ihnen bei der Auswahl der richtigen Portionsgrößen helfen:

- Gemüse/Salat – essen Sie zwei Fäuste voll
- Früchte – eine Faust voll ist okay
- Protein – so viel wie Ihre offene Handfläche
- Kohlenhydrate – sie sollten in eine Hand passen
- Schokolade – nicht mehr als Ihr Daumen groß ist
- Dessert – verabschieden Sie sich davon mit Ihrer leeren Hand!

Probieren Sie Folgendes aus

Portionieren Sie die Lebensmittel, die Sie üblicherweise essen, mit einem Messbecher oder Löffel und legen Sie sie auf einen Teller. Jetzt können Sie sehen, wie jede Menge aussieht. Üben Sie so lange, bis Sie wissen, wie Ihre ideale Portionsgröße ohne Verwendung der Messwerkzeuge aussieht.

Optische Täuschungen

Um Ihre Absicht zu unterstützen, weniger zu essen, indem Sie sich kleinere Portionen nehmen, verwenden Sie kleinere Teller. Egal, welche Portionen Sie für sich selbst auffüllen, sie werden auf einem Salatteller größer aussehen als auf einem Essteller.

> Die Verwendung eines kleineren Tellers beim Brunch-Buffet hielt mich davon ab, zu viel zu nehmen, da meine Augen größer waren als mein Magen.

Es ist vorteilhaft, auch kleinere Bestecke zu verwenden. Mit einem Teelöffel anstelle eines Esslöffels nehmen Sie kleinere Happen zu sich. Das ist eine Methode, die achtsames und weniger Essen sowie eine bessere Verdauung unterstützt.

Kontrastierende Farben lassen Portionen größer erscheinen. Sie können braunen Reis auf einem weißen Teller und weißen Reis auf einem braunen Teller servieren. Es ist eine optische Täuschung, aber selbst wenn man das weiß, hat man trotzdem das Gefühl, mehr Heidelbeeren zu bekommen, wenn sie in einer gelben Schale gereicht werden.

Im Voraus verpacken als vorbereitende Maßnahme

Das Vorverpacken ist eine wichtige Strategie zur Portionskontrolle. Dies funktioniert besonders gut bei allen Lebensmitteln, die Sie einfrieren können. Teilen Sie z. B. ein halbes Kilo mageres Hackfleisch in vier 125 g-Frikadellen und frieren Sie alle bis auf die Frikadelle ein, die Sie an diesem Tag zum Abendessen essen werden.

Einige Essen können nach dem Kochen leichter portioniert werden. Eine gekochte Süßkartoffel kann in Drittel geschnitten werden. Packen Sie die beiden Drittel, die Sie nicht an diesem Tag essen, separat ein und frieren Sie sie für künftige Mahlzeiten ein.

Wenn Sie sich die Zeit nehmen, Portionen vor dem Essen zu trennen, können Sie leichter der Versuchung widerstehen, einen Nachschlag zu nehmen.

Sie haben Zeit, um über die zu treffende Entscheidung nachzudenken, was Ihnen die Möglichkeit gibt, im Sinne der „**drei s**" zu agieren und sich nicht den „*drei zu*" hinzugeben.

Hilfreicher Tipp
Essen Sie außer Haus, fragen Sie nach einer Box zum Mitnehmen, bevor Sie mit dem Essen beginnen. Packen Sie alles bis auf Ihre ideale Portionsgröße ein, bevor Sie zu essen beginnen. Sie werden sich besser fühlen, schlanker bleiben und am nächsten Tag noch viel von einem weiteren leckeren Essen übrighaben.

Stellen Sie es weg

Nachdem Sie Ihren Morgentoast gegessen haben, werden Sie nicht zweimal darüber nachdenken, noch eine zweite Scheibe zu essen, wenn Brot, Butter und Erdbeermarmelade noch immer auf der Arbeitsplatte stehen.

Sobald Sie sich eine Portion genommen haben, stellen Sie den Rest des Essens weg, bevor Sie mit dem Essen anfangen. Lassen Sie den Topf nicht auf dem Herd, die Auflaufform im Ofen oder den Pizzakarton auf der Arbeitsplatte stehen.

Haben Sie einen Behälter zur Hand, um im Voraus das einzupacken, was Sie nicht bei dieser Mahlzeit essen werden. Stellen Sie ihn weg und Sie werden nicht versucht sein, einen Nachschlag zu nehmen.

Wenn Sie den eingepackten Rest wegstellen, wird eine zusätzliche Schwelle geschaffen, die Sie überschreiten müssen, um weiter zu essen. Sie verschafft Ihnen Zeit und Raum für Bewusstsein sowie Disziplin und hilft Ihnen damit, sich an Ihr Abnehm-Programm zu halten.

Essen Sie nicht aus der Verpackung

> **Beispiel**
>
> In der Werbepause einer Show, die ich mir im Fernsehen ansah, verspürte ich Heißhunger auf etwas Süßes. Also drückte ich den Pausenknopf und ging in die Küche. Als ich im Kühlschrank und im Gefrierfach herumstöberte, stieß ich auf eine Packung Eis. Ich nahm den Deckel ab und sagte zu mir: „Nur drei Bissen, nicht mehr!!"
>
> Ich begann an den Rändern, wo das Eis etwas weicher war, und dachte: „Das waren aber keine drei ganzen Bissen – eher nur anderthalb. Ich kann mir noch drei weitere davon gönnen."
>
> Nachdem ich mit dem Löffel an den Rändern geschaufelt hatte, entdeckte ich in der Mitte eine Unebenheit. Ich vergaß, dass ich eigentlich die Bissen zählte und sorgte für eine ebene Fläche.
>
> Das Eis war an dem Rand, an dem ich die Eispackung festhielt, geschmolzen. Ich wusste, dass es erneut vereisen würde, sobald ich die Packung zurück ins Gefrierfach stellen würde und dachte mir: „Ich muss den Rand etwas säubern." Aber schon hatte sich in der Mitte erneut eine Unebenheit ergeben, die ich wieder glätten musste.
>
> Als hätte ich einen Autopiloten eingeschaltet, aß ich jetzt das Eis von der Mitte, dann vom Rand, von der Mitte, vom Rand etc., bis mein Löffel auf den Boden der Eispackung stieß.
>
> In diesem Moment dachte ich: „Jetzt lohnt es sich nicht mehr, das Eis zurückzustellen. Ach was soll's, ich esse es jetzt auf."

Waren Sie schon einmal in solch einer Situation und haben ebenso gehandelt? Es könnte ein kleines Eis, eine Tüte Chips oder eine Packung Kekse sein. Egal, um welche Verpackung es sich handelt – es ist einfach weiter zu essen, sobald wir angefangen haben. Wir sind besonders anfällig, wenn wir essen, während wir Fernsehen gucken oder im Internet surfen, denn dann mampfen wir vollkommen achtlos parallel zu unserer Tätigkeit. Und wir essen weiter, bis wir den Boden der Verpackung erreicht haben. Es scheint, als wären wir von der sich wiederholenden Bewegung und dem Geschmack hypnotisiert. Wäre der ganze Weg durch die Erde auf die andere Seite aus Eis, würden wir uns komplett durch sie hindurch essen.

Natürlich ist es einfacher, aus der Verpackung zu essen. Warum soll man Geschirr schmutzig machen, um ein paar Handvoll Nüsse zu essen? Und warum soll man sich die Mühe machen, die letzten paar Chips in der Tüte in eine Schüssel umzufüllen?

Wenn Sie mit einer Entschuldigung kommen, warum Sie aus der Verpackung gegessen haben, erinnern Sie sich daran, dass – nur weil Sie es für eine gute Idee halten – das nicht stimmen muss.

Integrieren Sie stattdessen in Ihre erforderliche Absicht, nicht aus der Verpackung zu essen – nehmen Sie Ihre Portion, die Sie essen möchten, aus der Verpackung und legen Sie sie in eine Schüssel oder auf einen Teller und legen Sie die Verpackung weg. Erst dann genießen Sie Ihre kleine geplante Mahlzeit!

Anwendung von NINJA
Schreiben Sie **HÖR AUF, AUS DER VERPACKUNG ZU ESSEN** auf Ihren Ninja-Notizblock.

Jedes Mal, wenn Sie sich erwischen, doch aus der Verpackung zu essen, hören Sie auf und machen einen Strich. Schon bald werden diese Gewohnheit und die Pfunde verschwinden.

Club der leer gegessenen Teller
Es wird noch eine Menge gegessen, nachdem man nicht mehr hungrig aber noch nicht vollgestopft ist. Seien Sie beim Essen achtsam und hören Sie auf, wenn Sie genug

haben. Was übrig bleibt, kann entweder aufbewahrt oder weggeworfen werden.

Haben Sie nicht das Gefühl, unbedingt auch noch den letzten Bissen essen zu müssen!

Es handelt sich um einen interessanten Entscheidungspunkt, wenn nur noch ein kleiner Rest übrig ist. Sie sind nicht mehr hungrig, aber gerade „im Schwung" zu essen. Lohnt es sich nicht, den kleinen Rest aufzubewahren, sind Sie versucht ihn aufzuessen.

Reste aufzuessen ist eine weit verbreitete Gewohnheit. Viele von uns haben eine natürliche Abneigung gegen Verschwendung. Vielleicht haben unsere Eltern uns in der Kindheit beigebracht, den Teller leer zu essen und damit zum Club der leer gegessenen Teller zu gehören. Dann ist es besonders schwer, diesen letzten Bissen auf dem Teller zu lassen.

Als meine Kinder noch klein waren, habe ich zugenommen, weil ich all ihre Essensreste gegessen habe. Ich fühlte mich ein wenig wie eine menschliche Mülltonne, konnte es aber nicht übers Herz bringen, Lebensmittel zu verschwenden, indem ich sie wegwarf. Was habe ich bloß gedacht?!

Anstatt das Gefühl zu haben Lebensmittel zu verschwenden, betrachten Sie das Nicht-Leeressen Ihres Tellers als Symbol Ihrer Fähigkeit mit dem Essen aufhören zu können, wenn Sie es möchten. Treten Sie aus dem Club der leer gegessenen Teller aus!

Mit dem Essen bereits vor dem letzten Bissen aufzuhören, bedeutet nicht, sich selbst etwas zu entziehen. Es ist Ihre positive Entscheidung, dies zu tun, wenn Sie nicht mehr hungrig sind und sich nicht vollgestopft fühlen möchten.

In einem Restaurant sagt der Kellner häufig: „Schmeckt es Ihnen?" Verwenden Sie diese Frage, um sich zu fragen, ob Sie das Essen wirklich noch genießen. „Muss ich jetzt jeden einzelnen Bissen auf dem Teller aufessen? Oder habe ich keinen Hunger mehr?" Beschließen Sie einen Doggie-Bag (Tasche mit Essensresten) mit nach Hause zu nehmen. Sie fühlen sich dann weniger unbehaglich und haben kein schlechtes Gewissen nach Ihrem Abendessen außer Haus.

Achten Sie auf Folgendes

- Rationalisierung:
  Vielleicht denken Sie: *„Es ist so wenig übrig, es lohnt sich nicht, das aufzuheben. Ich esse es einfach auf."*
  Oder: *„Ich weiß nicht, wann ich wieder in dieses Restaurant komme. Ich will jeden Bissen essen, den ich bekommen kann."*
  Denken Sie daran, dass Sie es nicht glauben müssen, nur weil Sie es denken!
- Im Fluss des Essens sein:
  Hüten Sie sich vor der Neigung, einfach weiter zu essen, weil das Essen da ist und nicht, weil Sie mehr essen müssen oder sogar wollen.
- Essen im Vorbeigehen:
  Sie ertappen sich dabei, nach „etwas Kleinem" greifen zu wollen, während Sie auf dem Weg zur Tür am Kühlschrank vorbeigehen. Dabei handelt es sich um einen nicht eingeplanten Snack mit zusätzlichen Kalorien.
- Probieren:
  Hüten Sie sich davor, beim Kochen zu probieren. Drei Mal Probieren ergeben einen Happen, drei Happen summieren sich zu einer Portion, drei Portionen zu einer nicht eingeplanten Mahlzeit. – und dieser Teufelskreis führt zur Gewichtszunahme.

Ich konnte nicht herausfinden, warum ich während meiner Diät nicht abnahm. Aber dann fiel bei mir der Groschen: Während ich jede Woche große Mengen Kekse für das Schulprogramm meiner Tochter backte, naschte ich gedankenlos Schokoladenchips – ein Chip für den Keksteig, einer für mich; zwei für den Keksteig, zwei für mich… Oh je!

Teilen Sie das Hauptgericht

Yogi Berra, der gern zitierte Baseballstar, wurde von einer Kellnerin gefragt, ob sie seine Pizza in vier oder acht Stücke schneiden sollte. Er antwortete:
„Besser in vier Stücke – ich glaube nicht, dass ich acht Stücke essen kann." (Diät-Humor)

Restaurants sind berüchtigt für übergroße Portionen. Die Hälfte eines normalen Hauptgerichts reicht oft als eine volle Mahlzeit. Also teilen Sie das Hauptgericht, wenn Sie außer Haus essen. Teilen Sie es sich mit Ihrer Begleitung oder heben Sie eine Portion auf und nehmen Sie diese mit nach Hause. Nicht nur, dass Sie bei dieser Mahlzeit weniger essen, Ihr Mittagessen ist zudem bereits für den nächsten Tag vorverpackt!

Vorspeisen sind oft interessanter als Hauptgerichte und kleiner. Warum also machen Sie nicht eine Vorspeise zu Ihrer Mahlzeit? Wenn es ein Hauptgericht gibt, das Sie gern essen möchten, fragen Sie, ob Sie es in Vorspeisengröße bestellen können.

Meine Partnerin und ich gingen Samstagmorgen zu einem unserer Lieblings-Brunch-Restaurants. Wir bestellten zwei verschiedene Gerichte, aßen langsam und genossen jeweils die Hälfte unserer Mahlzeiten. Wir packten die Reste ein und nahmen sie mit nach Hause. Sonntagmorgen wärmten wir die Reste auf und genossen das Gericht des jeweils anderen vom Vortag. Jeder von uns hatte zwei tolle Brunchs zum Preis (und den Kalorien) von einem!

PUNKTE, DIE SIE SICH AUS TEIL 3 MERKEN SOLLTEN

- Hindernisse: die drei „zu":
  - zu viel, zu schnell und zu lang essen.
- Abhilfemaßnahmen: die drei „s".
  - **s**pärlichere = kleinere Portionen.
  - **s**tückchenweise = langsamer essen.
  - **s**topp = früher mit dem Essen aufhören.
- Haben Sie keine Angst davor, sich etwas hungrig zu fühlen.
- Erkennen Sie, ob Sie wirklich hungrig sind.
- Hören Sie lieber auf zu essen, wenn Sie keinen Hunger mehr haben, anstatt sich vollzustopfen.
- Geben Sie Ihrem Gehirn die erforderliche Zeit, um zum Informationsstand des Magens aufzuschließen.
- Sagen Sie „Nein":
  - Zu Nachschlägen.
  - Zu Snacks.
  - Im Restaurant.
- Sie sind nicht Ihr Verlangen.
- Entscheiden Sie, ob es die Kalorien wert ist.
- Verkleinern Sie Ihr Zeitfenster zum Essen.
- Langsam und achtsam essen.
- Legen Sie Ihr Besteck hin.
- Kennen Sie Ihre ideale Portionsgröße.
- Vermeiden Sie übermäßiges Essen.
- Kleineres, farbiges Geschirr.
- Vorverpacken, wegstellen und aufteilen.
- Teilen Sie das Hauptgericht oder bestellen Sie kleinere Portionen.

4

Herausforderungen beim reduzierten Essen

Achten Sie auf Ihren S.T.E.P.

Stress

Täuschung/Versuchung

Emotion/Gefühl

Persönlichkeitsprobleme

Diese vier o. g. Begriffe stellen Herausforderungen für Ihre positive Entscheidung dar, weniger zu essen und abzunehmen. Sie müssen wirklich auf Ihren S.T.E.P. aufpassen und darauf achten, dass Sie Ihre Absicht „Nein sagen" mit dem Rüstzeug aus achtsamem Bewusstsein, Maitri und dem NINJA-System® unterstützen.

Stress als Herausforderung

Stress erzeugt ein allgemeines Gefühl der Angst. Wir verlieren den Kontakt zu unserem Körper; wir sind voll und ganz mit den in unserem Kopf herumschwirrenden Gedanken beschäftigt – total überspannt, aufgeregt und nervös. Alles scheint sich schneller zu bewegen. Folglich bewegen wir uns schneller, um aufzuholen, was wir aber nicht können – wie ein Hund, der seinem eigenen Schwanz hinterherjagt.

Menschen sind so veranlagt, dass sie Angst so schnell wie möglich lindern (möchten). Für viele von uns lässt sich das aber, wenn sie mit stressigen Situationen konfrontiert werden, nicht ohne weiteres bewerkstelligen. Dann ist das „Wegessen" der Angst der schnellste, einfachste und sicherste Weg, um sie zu mindern.

Wenn Sie in stressigen Zeiten an Essen denken, glauben Sie wahrscheinlich fälschlicherweise, dass Essen Ihre Probleme lösen wird. Wir wurden konditioniert, uns durch Essen zu beruhigen. Die Lösung meiner Großmutter bei jedem Ärger lautete: „Iss Etwas. Dann fühlst Du Dich besser."

Tatsächlich vermittelt Ihnen Komfort-Essen ein besseres Gefühl, und während Sie essen, müssen Sie nicht mit dem umgehen, was Sie stresst. Leider ist die Erleichterung nur vorübergehender Natur.

Essen spricht nicht die Quelle Ihres Stresses an und Sie müssen sich ihm nach dem Essen erneut stellen. Darüber hinaus haben Sie auch noch ein schlechtes Gewissen, Ihre Angst mit einem Burger unterdrückt zu haben. Ganz zu schweigen von den Verdauungsschwierigkeiten….

Wenn Sie Lust auf einen ungeplanten Snack haben, fragen Sie sich: „Bin ich wirklich hungrig oder versuche ich nur dem Stress zu entkommen?"

Wenn Sie wissen, dass Essen Ihre Probleme nicht lösen, Sie aber beim nächsten Wiegen auch noch unglücklich machen wird, lohnt es sich dann wirklich, Ihren Stress vorübergehend mittels Essen zu lindern?

Verhalten Sie sich wie folgt
Die Erdungsübung des achtsamen Bewusstseins (siehe Anhang) ist ein direktes Gegenmittel gegen Stress. Tiefes Atmen bewegt Ihre Energie in Ihrem Körper nach unten. Es verlangsamt die Geschwindigkeit Ihrer Gedanken und hilft Ihnen, sich zu entspannen – „geerdet" ist das Gegenteil von „überspannt, aufgeregt, nervös". Wenn Sie sich gestresst fühlen und vor allem wenn Sie den Drang zum „Stress-Essen" verspüren, nehmen Sie sich eine Auszeit und machen Sie ein paar Minuten lang die Erdungsübung.

Anwendung von NINJA
Löschen Sie Ihre Gewohnheit des Stress-Essens und ersetzen Sie sie durch eine gesunde Reaktion.

Schreiben Sie jedes Mal ein **S** auf Ihren Block, wenn Sie sich beim reaktiven Stress-Essen erwischen. Schreiben Sie jedes Mal ein **G** auf, wenn Sie trotz des Verlangens, Ihren Stress „wegzuessen", mit einer gesünderen Maßnahme reagieren, wie z. B.:

- Ein paar Minuten lang die Erdungsübung praktizieren.
- Einen Spaziergang oder eine andere Übung machen.
- Beginnen Sie mit einem „mundgerechten" Teil des Projektes, das Sie in Stress versetzt.

Wenn eine Belohnung keine Belohnung ist

Belohnen Sie sich für den Abschluss einer stressigen Aufgabe mit Essen? Tröstet Sie der Gedanke an Essen und beruhigt außer Kontrolle geratene Gefühle?

Studien haben gezeigt, dass Zucker das Stresshormon Cortisol reduziert, sodass Sie sich nach dem Verzehr zuckerhaltiger Lebensmittel tatsächlich besser fühlen. Vorübergehend.

Wenn Sie an einem Abnehm-Programm teilnehmen, geht eine Belohnung mit Süßem oft ins Auge. Die Überzuckerung bringt Sie zur Strecke und das schlechte Gewissen, wegen der gegessenen Süßigkeit, führt zu Schuld- sowie Schamgefühlen. Diese Gefühle können weiteres Essen provozieren und ein demotivierender Kreislauf setzt ein.

Wenn Sie nicht aufpassen kann sich Essen mit dem Sie sich selbst belohnen möchten letztendlich als das genaue Gegenteil erweisen: Als grausame sowie unbeabsichtigte Selbstbestrafung.

Es ist hingegen toll sich selbst mit etwas zu belohnen, das Ihre Absicht, abzunehmen, unterstützt. So können Sie sich z. B. etwas zum Anziehen kaufen, wenn Sie es schaffen schlanker und fitter zu werden!

Veränderte Zustände

Alkohol enthemmt nicht nur, sondern fördert Süchte; unter seinem Einfluss sagt man: „Ich will, was ich will, wenn ich es will." Er lässt Sie – allerdings auf ungesunde Weise – die Vergangenheit vergessen und sorglos in die Zukunft sehen.

Die tröstende Erfahrung eines Drinks macht Lust auf einen weiteren. Der „Hemmungsdämpfer" in Ihnen kommentiert dieses Verlangen mit einem „Warum nicht?". Die Anmerkung des bekannten Komikers Richard Pryor zur Sucht kann wie folgt umschrieben werden: Ein paar Drinks können dich wie einen neuen Menschen fühlen lassen. Das Problem ist: Dann will der neue Mensch einen Drink.

Alkoholische Getränke enthalten viele Kalorien. Auch die Knabbereien, die in der Regel mit Cocktails serviert werden, sind besonders salzig und fettig, sodass Sie mehr trinken möchten. Sobald Sie sich im Teufelskreis aus Trinken und Snacks befinden, ist es schrecklich schwierig aus diesem wieder herauszukommen. Daher ist es besser, ihm von vorn herein fernzubleiben.

In einigen Staaten ist „Freizeit-Marihuana" legal und stellt eine zusätzliche Herausforderung dar. Es reduziert Hemmungen und steigert den Appetit. Es ist kein Zufall, dass das durch Marihuana ausgelöste Gefühl, „the munchies" (Engl. = Fress-Attacken) genannt wird.

Sowohl Alkohol als auch Marihuana erschweren erheblich das Treffen positiver und gesunder Entscheidungen. Es hat durchaus seinen Grund, warum „vergiftet" das Wort „giftig" enthält.

Werden Ihre Hemmungen unterdrückt, realisieren Sie zwar vielleicht, dass Sie sich „überfressen" aber es ist Ihnen einfach egal. Wenn Sie schon sündigen, geben Sie alles, um sich Ihrer „Egal-Einstellung" bewusst zu bleiben.

Mit Freunden wie diesen

Es ist schwer, sich an sein Abnehm-Programm zu halten, wenn das Umfeld nicht die gleiche Absicht teilt.

> Komm schon, das eine Mal wird Dich nicht umbringen. Ein einziger Keks wird Dir nicht schaden. Ich hätte jetzt gern einen Snack, möchte aber nicht allein essen.

Wenn Sie positive Diät-Entscheidungen treffen, müssen Sie sich oft sozialem Druck widersetzen. Dies gilt z. B. für ein Treffen mit einem Freund, der nicht versteht, wie schwer es ist, abzunehmen. Oder mit Ihrer Mutter, die fragt: „Kein Nachschlag? Glaubst du, dass ich dich vergiften will?" Wenn jeder ein zweites Glas Wein trinkt oder nochmal zum Buffet geht, ist es schwer „Nein, danke" zu sagen.

Es kann peinlich sein, Freunde und Familie zu bitten, Ihnen keinen Nachschlag oder Snacks anzubieten. Es erfordert Disziplin, dem sozialen Druck zu widerstehen.

Verhalten Sie sich wie folgt
Legen Sie Ihre Absicht fest, bevor Sie sich mit einer Gruppe zum Essen oder Trinken treffen. Notieren Sie sich, wie viel Sie essen oder trinken wollen. Wird es schwierig und Sie fühlen sich versucht mehr zu essen als geplant, entschuldigen Sie sich und machen Sie einen kleinen Spaziergang, um sich zu sammeln und Ihre Entschlossenheit wieder aufzubauen. Nach Ihrer Rückkehr werden Sie in einer besseren Verfassung sein und können der Versuchung besser widerstehen.

Täuschungen

Täuschungen – im Sinne von Versuchungen – die Sie von Ihrer Absicht, weniger zu essen sowie abzunehmen, abbringen, sind besonders herausfordernd, wenn:

- der Kellner im Restaurant einen Korb mit leckerem, warmem, frisch gebackenem Brot auf den Tisch stellt, während Sie hungrig auf Ihre Mahlzeit warten;
- Sie auf einer Party sind, bei der Getränke serviert und Knabbereien auf jeden Tisch gestellt werden;
- am Empfang Ihrer Arbeitsstätte ein Bonbonglas steht und im Pausenraum kostenlose Snacks angeboten werden. Es hat den Eindruck, als würde jede Woche irgendein Geburtstag mit Kuchen und Eis gefeiert. Oh, nicht zu

vergessen, die anlässlich zu Feiertagen spendierten Backwaren, die ihre Runde durch das Büro machen.

Wie hat sich hier ein Diäthaltender zu verhalten?

Es ist wichtig, achtsam zu sein und positive Entscheidungen zu treffen.

Ergreifen Sie vorbeugende Maßnahmen, indem Sie vorausplanen.

Gehen Sie nicht zu hungrig in ein Restaurant, eine Abendgesellschaft oder zu einem Grillabend im Familienkreis. Trinken Sie direkt nach Ihrer Ankunft ein Glas Wasser.

Stellen Sie sicher, dass Ihnen alternatives, gesünderes Essen als Auswahl zur Verfügung steht. Rufen Sie vorher an. Wird dieses nicht angeboten, fragen Sie, ob es in Ordnung ist, wenn Sie Ihr eigenes Essen mitbringen.

Anwendung von NINJA

Bevor Sie ausgehen, schreiben Sie sich auf, was Sie essen und nicht essen werden. Prüfen Sie, was Sie essen bzw. ablehnen.

Schieben Sie es beiseite

- Stehen auf einer Party auf dem Couchtisch neben Ihnen Chips, schieben Sie diese beiseite.
- Schieben Sie in einem Restaurant den Brotkorb weg. Sollten Sie gemeinsam mit anderen Diäthaltenden essen, fragen Sie, ob es etwas ausmacht, wenn der Brotkorb vom Tisch genommen wird (oder von vornherein nicht serviert wird).
- Können Sie auf der Arbeit die Versuchungen nicht wegschieben, gehen Sie nicht in den Pausenraum oder zu einem anderen Platz, an dem Essen steht.
- Schieben Sie das Essen bei jeder Mahlzeit beiseite, wenn Sie genug gegessen haben und nicht mehr hungrig sind.

Mehr Kalorien? Höheres Regal!

Was ist, wenn Sie Kinder haben und nicht „nein sagen" können?

Wenn Sie einige kalorienreiche Lebensmittel im Haus aufbewahren müssen, legen Sie sie auf das höchste Regal. Es muss keine Keksdose auf der Arbeitsplatte stehen, die Sie in Versuchung bringt.

Aus den Augen, aus dem Sinn. Außerdem – wenn Sie sich erinnern, wo die Kalorienbomben stehen, wird es einige Zeit und Mühe kosten, um an sie heranzukommen.

Diese Verzögerung ermöglicht Ihnen, sich des Heißhungers bewusst zu werden und nicht auf den Reiz eines ungeplanten kalorienreichen Snacks zu reagieren.

> Zum Nachtisch mag ich gern ein Schokoladentäfelchen oder zwei Schokoladenriegel. Aber ich bewahre sie auf dem höchsten Regal in der Küche auf. Auf diese Weise muss ich den Tritthocker herbeischaffen, um an die Schokolade zu kommen. Wenn ich dem Drang nachgebe, bekomme ich so wenigstens etwas Bewegung!

Achtung am Buffet

Nehmen Sie an einem Buffet teil, müssen Sie bedenken, dass ein zweiter oder sogar dritter Gang nicht nur kontraproduktiv für Ihre beabsichtigte Gewichtsabnahme ist, sondern tatsächlich von Ihnen erwartet wird. In einem All-you-can-eat-Restaurant haben Sie möglicherweise das Gefühl, nicht auf Ihre Kosten zu kommen, wenn Sie sich nicht möglichst oft am Buffet bedienen.

Ein Buffet kann als offizielle Zentrale der *drei „zu"* betrachtet werden – es ist der einfachste Ort auf Erden, um zu viel, zu schnell und zu lange zu essen.

Sie können die *drei „s"* wie folgt zur Abhilfe anwenden:
Setzen Sie sich zuerst das erforderliche Ziel, sich nicht mehr als zwei kleine Teller Essen zu nehmen.

Gehen Sie ohne Teller am Buffet entlang, um zu entscheiden, was Sie wirklich probieren möchten. Das Buffet schließt auch den Tisch mit den Desserts ein – den gefährlichsten Tisch von allen. Entscheiden Sie, ob eins der Desserts wirklich die Kalorien wert ist. Wenn ja, nehmen Sie sich fest vor, die kleinste Portion zu nehmen, mit der Sie zufrieden sein können.

Als nächstes nehmen Sie auf einem Teller, der die Größe eines Salattellers hat, nur ein bisschen von jedem Gericht, das so lecker aussieht, dass Sie es probieren möchten.

Essen Sie Ihre kleinen Portionen stückchenweise, langsam und achtsam. Nachdem Sie jede probiert und die aufgegessen haben, die Ihnen wirklich gut geschmeckt haben, legen Sie eine Pause von mehreren Minuten ein. Vielleicht entscheiden Sie, genug gegessen zu haben und mit dem Essen aufzuhören.

Wenn Sie wirklich noch hungrig sind, nehmen Sie sich auf Ihrem kleinen Teller eine weitere kleine Portion Ihres Lieblingsgerichtes.

So können Sie zufrieden das Essen genießen, das Sie wollten und sich dabei an Ihr Abnehm-Programm halten. Sie können sehr stolz darauf sein, die *drei „zu"* in einer sehr herausfordernden Umgebung besiegt zu haben.

Fahren Sie am Drive-In vorbei

„Drive-In. Was für „Was für eine revolutionäre Entwicklung!" (aus der Radio- und Fernsehserie *The Life of Riley*)

Das Drive-In-Fenster ist eines der unsäglichsten Dinge in der Geschichte des Essens.

Es inspiriert nicht nur zu sinnlosen, schnellen Fressattacken, sondern es hält uns auch noch von der allerkleinsten Bewegung ab.

Wir sausen in die Einfahrt, rufen dem Typen am Fenster unsere Bestellung zu, bezahlen, schnappen uns unser Essen und fahren mit einer Handvoll fettiger Pommes Frites in der einen Hand sowie einem Milchshake in der anderen Hand los, wobei wir das Auto mit den Knien lenken.

Essen während der Fahrt ist schlecht für Ihre Diät und zudem für alle Verkehrsteilnehmer auf der Straße gefährlich. Und es kann Ihnen einen Strafzettel für die Ablenkung beim Fahren einbringen.

Denken Sie also daran, am Drive-In vorbeizufahren.

Die EGAL-Zone

Es ist schon schwer genug, durch einen normalen Tag ohne Probleme zu kommen. Besonders, wenn Sie gerade mit einer neuen Diät begonnen oder sich auf einem niedrigeren Gewicht eingependelt haben. Aber Ihre Entschlossenheit kann in echter Gefahr sein, wenn Sie in die **EGAL-Zone** geraten:

Erbärmlich/traurig

Gelangweilt oder wütend

Allein/einsam

Leidend/müde

Wenn Sie diese Emotionen erfahren, sind Sie besonders verletzlich. Ihre Abwehrkräfte sind im Keller und Sie denken nicht klar.

Es fällt Ihnen schwer sich an Ihre Absicht weniger zu essen zu erinnern.
Eine Reaktion auf emotionale Intensität ist, die Gefühle z. B. durch Essen zu unterdrücken. Es ist mehr als eine Metapher, dass man mit dem Herunterschlucken des Essens auch das Gefühl hinunterschluckt. Mit dem nach unten rutschenden Essen füllt sich Ihr Magen und Sie schieben gleichzeitig auch die Emotion nach unten und begraben sie. Um sich davor zu schützen von Ihrer Ernährung abgelenkt zu werden wenden Sie achtsames Bewusstsein, das *NINJA-System*® und die nachstehenden hilfreichen Vorgehensweisen an.

Die drei Vorgehensweisen
Um mit Emotionen arbeiten zu können, muss man auf diese blicken können. Sind Sie völlig von einem Gefühl ergriffen, handeln Sie vollkommen reaktiv – ohne Zeit oder Raum für eine achtsame Reaktion. Die folgenden Taktiken ermöglichen es Ihnen, einen Schritt zurückzugehen, sich wieder zu fassen und gesunde Entscheidungen zu treffen sowie positive Maßnahmen zu ergreifen:

1. *Meditieren:* Nehmen Sie sich ein paar Minuten, um die Phasen des achtsamen Bewusstseins zu praktizieren. Die emotionale Intensität legt sich, indem der Geist beschwichtigt und der Körper beruhigt wird.
2. *Nachdenken:* Erkenntnisse und Einsichten können nicht gewonnen werden, so lange man emotional total aufgewühlt ist. Erfassen Sie die Beschaffenheit des Gefühls unter den Gedanken, die die Emotion begleiten. Wenn Sie die „Entwicklung der Geschichte" fallen lassen, die die Gefühle verursacht sowie gefördert hat, verblasst deren Intensität und Sie haben den Raum, um Dinge zu durchdenken. Betrachten Sie die Umstände die

emotionale Reaktionen auslösen und erstellen Sie die erforderliche Absicht, um gesünder zu reagieren.
3. *Aktivieren:* Setzen Sie mit achtsamem Bewusstsein, Abhilfemaßnahmen, die Ihnen in der Vergangenheit geholfen haben in die Tat um oder probieren Sie die nachfolgenden Vorschläge:

Schutz vor der EGAL-Zone
Erbärmlich/traurig Verwenden Sie keine Lebensmittel zu Ihrer Aufmunterung. Hören Sie fröhlich stimmende Musik. Gießen Sie Ihre Pflanzen. Spielen Sie mit Ihrem Haustier. Bei einer Depression sind Sie in der Regel lethargisch, also „bewegen Sie Ihre Stimmung." Entscheiden Sie sich, eine Minute lang Sport zu treiben, um sich in die Gänge zu bringen; das positive Gefühl kann Schwung für eine komplette Trainingseinheit geben.

Gelangweilt oder wütend Verwenden Sie kein Essen zu Ihrer Unterhaltung. Wählen Sie stattdessen etwas aus Ihrer To-Do-Liste aus. Räumen Sie eine Geldbörse, eine Aktentasche oder einen Schrank auf. Erledigen Sie liegengebliebene Pflichten im Haushalt oder lesen Sie. Erweisen Sie einem älteren Nachbarn einen Gefallen. So können Sie Punkte aus Ihrer To-Do-Liste abhaken und dabei gleichzeitig Kalorien sparen! Verwenden Sie auch keine Lebensmittel, um Ihren Ärger herunterzuschlucken. Meditieren, atmen und erden Sie sich, um ruhiger zu werden sowie klarer zu denken. Sie sollten Ihre Wut weder unterdrücken noch in ihr baden, sie weder ausleben noch verleugnen. Sie können sich stattdessen auspowern und so die Energie in kreative, positive Aktionen lenken. Noch besser ist es über Ihre Gefühle zu schreiben. Aber Achtung: drücken Sie nicht auf den „Senden"-Knopf!

4 Herausforderungen beim reduzierten Essen

Allein/einsam Lebensmittel sollen Ihnen keine Gesellschaft leisten. Rufen Sie stattdessen einen Freund an. Gehen Sie spazieren (es ist hilfreich, der Natur – besonders zahmen Tieren – zu begegnen) oder nehmen Sie an einem Sportkurs teil. Es gibt auch Online-Foren und andere Ressourcen, die Sie mit anderen Diäthaltenden in Kontakt bringen, die die gleichen Herausforderungen meistern müssen (z. B. bietet Weight Watchers® seinen Mitgliedern einen Online-Chat in Echtzeit an.)

Leidend/müde Erschöpfung erhöht die Emotionalität und verringert Ihre Fähigkeit Reizen zu widerstehen, so dass Sie sich wahrscheinlich eher von Essens-Anreizen verleiten lassen. Studien zeigen, dass Menschen die ein Drittel weniger Schlaf als üblich bekommen am nächsten Tag 600 Kalorien mehr essen!

Nehmen Sie sich eine Auszeit und verschaffen Sie sich etwas Ruhe. Versuchen Sie es mit Meditation, Yoga oder tiefer Atmung. Machen Sie einige leichte Übungen. Ein wenig Bewegung bringt Ihren Energiefluss in Gang.

Erfühlen Sie alle Emotionen der **EGAL-Zone** in vollem Umfang und verbinden Sie sich mit ihnen über die drei Taktiken statt sie hinunter zu schlucken und sie mit Essen zuzudecken.

Anwendung von NINJA

Listen Sie die Reize auf, die die **EGAL-Zone** stärkt/auslöst und die jeweils am besten funktionierenden Abhilfemaßnahmen. Beobachten Sie mit urteilsfreiem Bewusstsein, ob Sie mit emotionalem Essen reagieren oder sich für positive, gesunde Reaktionen entscheiden. Auf diese Weise können Sie Ihre Gewohnheiten ändern, um Ihr Abnehm-Programm zu schützen, während Sie sich in der **Egal-Zone** befinden.

Hilfreiche Tipps

- Stellen Sie sich vor, dass ein Freund mit einem ähnlichen Reiz und einer ähnlichen emotionalen Reaktion zu kämpfen hat. Was würden Sie ihm sagen, wenn Sie sein Coach wären und er diese Emotion mit Essen unterdrücken würde? Geben Sie sich selbst den gleichen Rat und setzen Sie ihn in die Tat um.
- Vereinbaren Sie mit einem Freund gegenseitig als Abnehm-Coachingpartner zu fungieren. Steckt einer von Ihnen in der **EGAL-Zone,** rufen Sie sich an, um Unterstützung zu erhalten.

Beim Essen „im Schwung sein"

„Im Schwung sein" hat etwas mit Schnelligkeit und Beeilung zu tun, im Sinne von „auf etwas mehr drängen".

Und auf mehr und noch mehr – bis Sie zu viel, zu schnell und zu lange gegessen haben.

Unsere Vorfahren sahen sich mit Nahrungsmittelknappheit konfrontiert und waren nicht in der Lage Reste aufzubewahren. Sie aßen fast immer so lange bis das Essen aufgegessen war. Wir haben daher eine angeborene Neigung dasselbe zu tun.

Salz, Süßigkeiten und Fett sind süchtig machende Reize, die lange sowie bedauerliche Fressattacken auslösen und aufrechterhalten können. Ein Kartoffelchip-Hersteller prahlte in seiner Werbung: „Wetten, dass Sie davon nicht nur einen Chip essen können!" Wenn der süchtig machende Geschmack nachlässt, verspürt man den Drang, ihn noch einmal zu schmecken und denkt: „Nur noch einer." Und dann noch einer und noch einer und noch einer........

Bis kein Chip mehr übrig ist.

4 Herausforderungen beim reduzierten Essen

Sie sind beim Essen „im Schwung", wenn Sie, ohne nachzudenken, im Rhythmus der sich wiederholenden Bewegungen gefangen sind – Bissen für Bissen für Bissen. Deshalb ist es so wichtig, Ihr Besteck zwischen den Bissen hinzulegen und nicht aus der Verpackung zu essen.

Wenn Sie abgelenkt sind, werden Sie noch leichter vom Schwung mitgerissen. So haben Sie z. B. im Kino im Handumdrehen einen ganzen Riesenbecher mit salzigem, gebuttertem Popcorn aufgegessen. Studien zeigen, dass Menschen bei Actionfilmen aufgrund der Aufregung noch mehr essen.

Sie befinden sich auch dann im „Schwung" des Essens, wenn sich ein Sättigungsgefühl einstellt, Ihre Augen und Nase aber noch hungrig sind. Und dieser letzte Bissen schmeckte sooooo gut. Vor allem, wenn Sie das Essen in der Hand halten, wie z. B. einen Burger oder ein Stück Pizza, ist es schwer mit dem Essen aufzuhören.

Versuchen Sie, wie folgt Abhilfe zu schaffen

- Stellen Sie das Essen weg – weit weg. Verschenken Sie es, werfen Sie es weg oder kaufen Sie es erst gar nicht. Um die süchtig machende Dynamik zu stoppen, müssen Sie irgendwann „Nein" sagen.
- Wenden Sie achtsames Bewusstsein an, um sich dabei selbst zu ertappen, gedankenlos im Schwung weiter zu essen. Wenden Sie dann *NINJA* an, um diese Gewohnheit zu erkennen und abzustellen.
- Machen Sie eine Pause. Üben Sie, während einer Mahlzeit für 60 s mit dem Essen aufzuhören. Das kann zu einer längeren Pause führen. Wird Ihr Verlangen nach mehr durch die Pause unterbrochen, stellen Sie vielleicht fest, dass Sie gar kein weiteres Essen mehr benötigen. Erinnern Sie sich an Ihren Wunsch, sich leichter sowie schlanker zu fühlen und heben Sie den Rest Ihrer Mahlzeit für später auf.

Nie genug

„Wenn Sie wirklich Nahrung für Ihren Geist brauchen, sättigen Sie ihn nicht mit einem gut gefüllten Magen." (aus dem Abschn. „Seien Sie nett zu sich selbst")

Die Zen-Tradition verwendet Metaphern für verschiedene Persönlichkeiten. Zu ihnen gehören die sog. „Hungrigen Geister"; sie fühlen sich nie satt, weil ihre Mägen die Größe eines Berges haben aber ihre Münder so klein sind wie ein Nadelöhr. Diese Metapher stellt jeden Geisteszustand dar, in dem man sich leer und unerfüllt fühlt.

Egal wie groß die Menge an Nahrung ist, sie reicht nie aus. Tatsächlich verstärkt sich der Frust, wenn man sich nur teilweise wohl fühlt.

Essen, um ein emotionales Loch zu füllen, schafft zusätzliches Leid, weil wir in falscher Richtung nach einer Lösung suchen, denn wir müssen nicht unseren Magen füllen. Sind unsere Seele oder unser Geist leer und ausgehungert, brauchen wir psychologische oder spirituelle Nahrung, aber nicht mehr Essen.

> Ich hatte das Gefühl, dass ich niemandem wichtig war, dass ich in keinerlei Hinsicht eine Rolle spielte. Ich wusste nicht, wie ich mir selbst das Gefühl, etwas wert zu sein, geben sollte und versuchte daher, das Loch in meiner Seele mit Nahrung zu füllen.
>
> Ich habe gegessen, um die Verzweiflung auszumerzen. Es gab mir etwas, auf das ich mich freuen durfte. Anfangs auch etwas Spaß und Vergnügen. Aber als ich immer weiter zunahm fühlte ich mich mir gegenüber ganz schrecklich. Dieser Kreislauf wurde schließlich so schmerzhaft, dass ich so nicht mehr weiterleben konnte. Ich suchte einen Therapeuten und das war der Beginn meiner Heilung.

Um Ihren Geist zu nähren, ist eine urteilsfreie *maitri*-Haltung wichtig. Selbstakzeptanz ist das Gegenmittel zu Gefühlen von Unzulänglichkeit und Hoffnungslosigkeit.

> „Dein vor Dir stehendes übergewichtiges Selbst lechzt nicht nach Essen. Es sehnt sich nach Liebe." (Marianne Williamson)

Anwendung von NINJA

- Sie können die geistige Gewohnheit auslöschen, sich selbst negative Botschaften zu senden, auch solche, die Sie aus der Kindheit oder in missbräuchlichen Situationen verinnerlicht haben. Schreiben Sie die Worte auf, die Sie am häufigsten für Ihre Eigenbeschreibung verwenden, z. B. **WERTLOS** oder **UNWICHTIG**. Machen Sie, ohne es zu bewerten, jedes Mal einen Strich, wenn Sie erkennen von solchen Gedanken oder Gefühlen eingeholt zu werden.
- Um die Gewohnheit, durch Essen ein emotionales Loch zu schließen, aufzugeben, schreiben Sie Worte wie **ESSEN MIT HUNGRIGEM GEIST** auf und machen Sie jedes Mal, ohne zu beurteilen, einen Strich, wenn Sie sich dabei ertappen. Ersetzen Sie Essen durch Meditation, Yoga oder eine Sportart.

Zwanghaftes Essen

> „Ich höre nicht auf zu essen, wenn ich voll bin.
> Die Mahlzeit ist noch nicht vorbei, wenn ich voll bin.
> Das Essen ist vorbei, wenn ich mich hasse." (Louis C.K., US-Komiker und Zwangsesser)

Manche Menschen suchen nach Gelegenheiten, um ihr negatives Selbstbild zu verstärken und essen sich deshalb krank.

Während einer Feiertagsfeier konnte ich das „Keks"-Zimmer nicht verlassen. Ich aß und aß, bis ich bis obenhin vollgestopft war, verließ dann die Feier mit einem „Doggie-Bag" voller Kekse und aß diese auf, bevor ich zu Hause ankam. Ich schlief schlecht, denn ich war vor lauter Zucker zittrig. Mir war übel und gleichermaßen war ich mein zwanghaftes Verhalten leid.

Fühlen Sie sich machtlos, mit dem Essen aufzuhören? Es kann sein, dass Sie essen wollen, bis Sie sich Ihretwegen schlecht fühlen. Es ist eine schmerzliche Art und Weise so Ihr geringes Selbstwertgefühl zu bekräftigen.

Wenn Sie sich Ihretwegen schlecht fühlen, bleiben Sie in einer negativen Komfortzone. Und wenn Komfort-Essen – Kekse, Schokolade, Kartoffelchips, Eiscreme – Ihre vorrangigen Mechanismen zur Bewältigung von Stress oder Emotionen sind – können Sie in einem ungesunden Kreislauf steckenbleiben, in dem Ihre wahren Gefühle nie angesprochen werden. Das Problem besteht eher darin, dass Sie sich selber mental fertigmachen als zu viel zu essen.

Es gibt einen Zusammenhang zwischen Selbstsabotage und Identität. Wenn Sie eine gute Leistung erbringen, haben Sie das Gefühl, dass dies reine Glückssache und nur eine Frage der Zeit ist, bevor Sie es vermasseln. Scheitern Sie, ist es ein unerträglicher Beweis für die Tatsache, dass Sie einfach nicht gut sind. Abhilfe können Sie hier schaffen, indem Sie die Emotionen ins Positive verschieben – Sie werden nicht von einem Ausrutscher/Fehler definiert. Stattdessen seien Sie stolz (positives Gefühl!) auf das, was Sie erreichen. Z. B. Dinge vor Beginn einer Mahlzeit wegzulegen, das Besteck beim Kauen abzulegen oder auf das Dessert zu verzichten, weil Sie sich ohne Nachtisch leichter und besser fühlen.

Wenn Sie Ihre Identität von negativen Gewohnheiten zur grundlegenden Güte verschieben können, werden Sie in der Lage sein, den selbstzerstörerischen Kreislauf von Stress und übermäßigem Essen zu durchbrechen. Wenden Sie achtsames Bewusstsein und *maitri* an, um zu erkennen sowie zu akzeptieren, was Sie fühlen und woher es kommt.

Vielleicht haben Sie den Eindruck, dass es sehr viel Ton gibt und Sie sich nicht vorstellen können, dass darunter Gold liegen könnte. Im Fall tief verwurzelter Probleme, die einer Essstörung zugrunde liegen, kann psychologische und/oder spirituelle Hilfe erforderlich sein.

Überfordern Ihre Erfahrungen Sie tatsächlich, besorgen Sie sich die Hilfe, die Sie brauchen, um die Dinge umzukehren und Ihr Gold aufzudecken.

Wesen oder Angewohnheit?

Ein Zen-Meister hörte einem Schüler zu, der sich über sein unbeherrschbares Temperament beschwerte. Der Schüler sagte:

> **Beispiel**
>
> „Ich bin ein sehr wütender Mensch. Bitte helfen Sie mir, mich zu ändern."
> „Das klingt nach einem großen Problem. Schauen wir uns diese schreckliche Wut von dir an", forderte der Meister den Schüler auf.
> „Ich kann sie Ihnen nicht zeigen. Im Moment bin ich nicht wütend."
> „Wann kannst du sie mir denn zeigen?", fragte der Meister.
> „Ich weiß es nicht. Sie überrumpelt mich."
> „Diese Wut kann unmöglich dein wahres Wesen sein, denn dann wäre dein Ärger jederzeit verfügbar und könnte gezeigt werden. Ist er aber nicht die ganze Zeit da und kann noch nicht einmal heraufbeschwört werden, wenn man es möchte, ist man ganz offensichtlich kein wütender Mensch."

Wenn man sagt, dass jemand zwanghaftes Essen als Angewohnheit hat, bedeutet das nicht, dass es Teil seines Wesens ist. Bezeichnet man ihn jedoch als Zwangsesser, gehört es zu seinem Wesen. Betrachtet man sein eigenes Verhalten oder das anderer Menschen eher als Gewohnheit und nicht als Teil des Wesens, wird das Leben viel praktikabler.

Dies kann besonders nützlich sein, wenn man mit dem Gefühl von Hilflosigkeit in Bezug auf Essen arbeitet. Wenn Sie sich selbst tief in einem 5 L Kübel mit Eis wiederfinden, entsteht leicht das Gefühl, dass etwas ganz und gar nicht mit Ihnen stimmt. Aber wenn Sie erkennen, dass Sie die Angewohnheit haben, zwanghaft Eis zu essen – ist das ein Verhalten, das Sie ändern können. Es besteht Hoffnung.

> **PUNKTE, DIE SIE SICH AUS TEIL 4 MERKEN SOLLTEN**
> - Achten Sie auf Ihren S.T.E.P:
>   Stress, Täuschung/Versuchung, Emotionen und Persönlichkeitsprobleme.
> - Belohnen Sie sich nicht mit Essen.
> - Alkohol unterdrückt Hemmungen und verleitet zu übermäßigem Essen.
> - Um Gruppendruck sowie Versuchungen zu widerstehen, legen Sie sich einen Plan zurecht und halten Sie sich an ihn.
> - Nutzen Sie Abhilfemaßnahmen als Schutz vor der EGAL-Zone:
>   - Erbärmlich/Traurig
>   - Gelangweilt/Wütend
>   - Allein/Einsam
>   - Leidend/Müde
> - Ertappen Sie sich selbst, wenn Sie im Schwung des Essens sind.
> - Erkennen Sie, dass zwanghaftes Essen eine Angewohnheit und nicht Teil Ihres Wesens ist.
> - Sind Sie überfordert, beschaffen Sie sich die Hilfe, die Sie brauchen.

5

Verbrennen Sie mehr

„Egal, wie sehr sich ein Bär auch anstrengt,
  ohne sportliche Betätigung wird er kugelrund." (Winnie T. Pooh)

Natürlicher Stellenwert von Bewegung

Analog zum natürlichen Stellenwert von Essen hat auch menschliche Bewegung einen natürlichen Stellenwert, der vor langer Zeit seinen Anfang fand. Vor der Ära von Kühlschränken, Supermärkten sowie Drive-In-Fenstern herrschte ein ständiger Kampf, nur um genug Nahrung zu finden und so am Leben zu bleiben.

Übersetzung im technischen Sinne: Speisung erforderte vorab immer erst Leistung.

Egal, ob es sich um Jagd, Sammeln oder Landwirtschaft handelte. Die Menschen mussten immer arbeiten, bevor sie essen konnten.

Das Leben in früheren Zeiten verbrannte einfach mehr Kalorien.

Heutzutage müssen wir jedoch besondere Anstrengungen unternehmen, um Energie zu verbrauchen. Wenn wir das nicht tun, werden diese ungenutzten Kalorien in Fett umgewandelt und wir verwandeln uns zu „Couch Potatoes".

Die erzielten technologischen Fortschritte haben zum Ungleichgewicht zwischen Essen und Kalorien geführt. Wir müssen einen Weg finden, um einen Teil dieses natürlichen Stellenwerts wiederherzustellen.

Ausbalancieren der Gleichung

Beispiel

Der alte Zen-Meister arbeitete immer an der Seite seiner Schüler. Gemeinsam stutzten sie Sträucher, schnitten Bäume und fegten das Gelände.

Als er achtzig Jahre alt war, machten sich seine Schüler Sorgen, dass ihm die körperliche Arbeit zu viel war. Da er jedoch ihre Bitten, mit dem Arbeiten aufzuhören, ablehnte, versteckten sie eines Tages seine Werkzeuge.

Er saß beim Abendessen ohne etwas zu essen und sagte nur: „Keine Arbeit, kein Essen."

Auch am nächsten Tag aß er nichts, sondern sagte nur bei jeder Mahlzeit: „Keine Arbeit, kein Essen."

Am dritten Tag blieb den Schülern nichts Anderes übrig, als ihm seine Werkzeuge zurückzugeben. Der Meister arbeitete wieder im Garten und begann stillschweigend wieder zu essen.

5 Verbrennen Sie mehr

Da wir unsere modernen Annehmlichkeiten niemals aufgeben werden, müssen wir einen Weg finden, um das Gleichgewicht zwischen unserem Essen und den verbrannten Kalorien wiederherzustellen. Um das zu schaffen, müssen wir eine positive Entscheidung treffen anstatt uns zu bestrafen.

Das Wort „Leibesübungen" klingt weder nett noch sexy und es passt nicht in die Schublade mit der Aufschrift „vergnügliche Erfahrungen". Regelmäßiger Sport hat sich hingegen bewährt, um Stress abzubauen, allgemeine Angst sowie Gefühle von Depressionen abzuwenden. Sport steigert das Selbstwertgefühl und hilft besser sowie tiefer zu schlafen. Bewegung stärkt zudem Ihr Herz, senkt den Blutdruck, reduziert Körperfett und lässt Sie fit sowie gesund aussehen. Wenn wir uns auf einen oder mehrere dieser kostbaren Vorteile konzentrieren, machen wir Sport zu etwas, was wir tun *wollen*.

Begreifen Sie, wie hart Ihr Körper arbeiten muss, um Kalorien zu verbrennen. Planen Sie genug Sport, um das, was Sie essen, zu kompensieren. Oder reduzieren Sie die Kalorien so weit, dass sie der Menge entsprechen, die Sie verbrennen.

Das Ändern der Gleichung ist die einzige Möglichkeit, um abzunehmen. Das Ausbalancieren der Gleichung ist die einzige Möglichkeit, sie aufrechtzuerhalten, sobald Sie Ihr Ziel erreicht haben.

Hilfreicher Tipp
Stellen Sie die in Ihren Lieblingsessen enthaltenen Kalorien und die Kalorien, die Sie bei dem Sport (den Sie gerne betreiben) verbrennen, gegenüber. Wenden Sie NINJA auf alle Gewohnheiten an, die Sie ändern müssen, um die Ess-/Sportgleichung auszubalancieren.

Wie lang ist genug?

Sport hilft Ihnen nicht nur abzunehmen, sondern auch das niedrigere Gewicht zu halten. Ihr Zeitplan begrenzt jedoch die Kalorienanzahl, die Sie – realistisch gesehen – an einem Tag, in einer Woche oder in einem Monat verbrennen können.

Eine Person, die 65 kg wiegt, müsste zwei Stunden lang zügig laufen, um 500 Kalorien zu verbrennen. Haben Sie jeden Tag, an dem Sie einen 500-Kalorien-Snack (Brownie) essen, Zeit für einen zweistündigen Spaziergang? In diesem Fall ist „Auslassen" eine der besten Entscheidungen, die Sie treffen können, wenn es sich um zusätzliche Kalorien handelt, die Sie weglassen.

Auch wenn die meisten Gewichtsabnahmen reduziertem Essen zugeschrieben werden, sollte das nicht Ihre Entschlossenheit untergraben regelmäßig (mehr) Sport zu treiben. Sport mit all seinen Vorteilen ist wichtig, um eine erneute Gewichtszunahme zu verhindern, sobald Sie Ihr Abnehm-Programm erstellt und einige – wenn nicht alle – angestrebten Pfunde abgenommen haben.

Führen Sie zusammen mit Ihrem Essprotokoll ein Sportprotokoll. Auf diese Weise können Sie den erzielten Fortschritt erkennen und *das NINJA-System*® anwenden, um Ihre Sportroutine zu optimieren.

Anwendung von NINJA

Legen Sie Ihren täglichen Zeitplan für die sportliche Betätigung fest. Notieren Sie am Ende jeden Tages wie viele Minuten Sie im Vergleich zu Ihrer Planung Sport getrieben haben. Es wird Sie entweder ermutigen, Ihren Plan regelmäßiger zu verfolgen oder Ihnen aufzeigen, dass eine Anpassung Ihres Plans erforderlich ist.

Achtsames Trainieren

Vor jeder Trainingseinheit sollten Sie ein paar Mal tief atmen und sich mit einem Körper-Scan entspannen, um sich auf Dehn- und Aufwärmübungen vorzubereiten.

Während Sie Sport treiben, hilft Ihnen achtsames Bewusstsein, Ihre Atmung mit Ihren Bewegungen zu koordinieren, was Ihre Trainingseinheit effizienter macht. Ist die sportliche Übung, die Sie machen, Gegenstand Ihrer Achtsamkeit, kann dies zur Verbesserung Ihrer geistigen Konzentration und Ausdauer führen.

Achten Sie darauf, wie müde Sie werden und auf alle Anstrengungen oder Schmerzen, die Sie spüren. So verhindern Sie, dass Sie Ihre Grenzen überschreiten und sich selbst verletzen.

Schreiben Sie die Dauer Ihrer Trainingseinheit und die Übungen auf, die Sie gemacht haben. Sehen Sie Ihren Erfolg als Ihre Belohnung und Inspiration für die nächste Trainingseinheit an.

Anwendung von NINJA

Zu Beginn eines Sportprogramms werden Sie bestimmt einen gewissen Widerstand verspüren. Wenden Sie achtsames Bewusstsein auf diese Erfahrung an, erkennen Sie die Trägheit, die Sie von einem neuen und herausfordernden Projekt abhält. Auf Basis dieser Erkenntnis können Sie *das NINJA-System*® verwenden, um die erforderliche Absicht, eine bestimmte Anzahl an Trainingseinheiten durchzuführen, festzulegen und mit einem urteilsfreien Bewusstsein Ihren Fortschritt aufzeichnen. Verwenden Sie einen Schrittzähler, eine App als Fitness Tracker oder ein anderes Gerät, das Ihnen auf diesem Weg hilft.

Gut zu wissen
Seien Sie sich der Neigung bewusst, das Genießen eines kalorienreichen Fressgelages mit einer abgeschlossenen Trainingseinheit begründen zu wollen. Erinnern Sie sich an die Gleichung. Es ist nicht förderlich für Ihr Abnehm-Programm 500 Kalorien beim Sport zu verbrennen und danach einen 600-Kalorien-Eisbecher zu verschlingen.

Überwinden der „Aufschieberitis"

„Aufschieberitis" ist ein häufiges Hindernis für Sport. „Ich werde es später tun" scheint immer besser zu klingen als „Ich tue es jetzt." Die Erwartung von Unbequemlichkeit und Beschwerden bei einer Trainingseinheit sind für uns Grund genug eine Entschuldigung zu finden, um diesen aus dem Weg zu gehen. Schließlich wollen wir uns nicht unwohl fühlen, wenn es uns gerade gut geht.

In dem Augenblick, in dem man ausschließlich mit unmittelbaren Unannehmlichkeiten wie Schnaufen, Keuchen, Schwitzen und Fluchen konfrontiert wird, ist es auch schwierig, sich Vorteile, die der Sport in der Zukunft mit sich bringt, vorzustellen.

Wir können jedoch Situationen schaffen, in denen uns das Training leicht zu fallen scheint, indem wir es schnell, einfach sowie regelmäßig durchziehen und es sogar zu einem Spaß für uns machen.

Machen Sie es schnell

Wenn es Zeit für Sport ist und Sie aufkeimenden Widerstand in sich fühlen, versuchen Sie, sich selbst einen guten Grund zu geben, warum Sie nicht für nur fünf Minuten trainieren können. Haben Sie einen guten Grund, beziehen Sie sich darauf. Haben Sie aber keinen guten Grund, sollten Sie sofort mit dem Sport loslegen. Das hält Sie davon ab, Ausreden zu finden, wie z. B. nicht genug Zeit zu haben, zu müde zu sein, nicht schwitzen zu wollen etc. Anstatt fünf Minuten damit zu verschwenden, mit sich selbst darüber zu streiten, ob Sie jetzt Sport treiben oder nicht, sollten Sie lieber folgende Routine ausprobieren:

- Finden Sie ein 5-minütiges Zeitfenster in Ihrem täglichen Zeitplan.
- Tragen Sie diese 5 min für Sport in Ihren Kalender ein.
- Treiben Sie Sport.
- Wiederholen Sie das jeden Tag.

Wenn Sie bereit sind, können Sie jeden Tag weitere kurze Trainingseinheiten hinzufügen oder Ihre Sporteinheit verlängern.

So können Sie Widerstand überwinden, auf sanfte Weise mit Sport beginnen und letztendlich eine Trainingseinheit in voller Länge zu einer Routine aufbauen.

Machen Sie es einfach

Die einfachsten Sportübungen sind diejenigen, die Sie ohne Planung oder spezielle Ausrüstung tun können. *Casual exercise* bedeutet, körperliche Anstrengung in Ihre Alltagsaktivitäten einzubinden. Es gibt viele Möglichkeiten den ganzen Tag über aktiver zu sein.

Ein Ausgangspunkt ist, so viel wie möglich zu gehen. Nehmen Sie die Treppe anstelle des Aufzugs. Wenn Sie in einem Hochhaus wohnen oder arbeiten, gehen Sie wenigstens die ersten drei Etagen zu Fuß hinauf. Parken

Sie Ihr Auto am anderen Ende des Grundstücks oder auf der Straße.

Einer meiner Favoriten ist „das Aufstehen". Wenn Sie sich hinsetzen, stehen Sie wieder auf – ein, zwei oder sogar drei Mal –, bevor Sie sitzenbleiben. Wenn Sie dies an die „Wiege weniger"-Übung erinnert, holen Sie sich Ihre Tüte mit Lebensmitteln und tun Sie es!

Weitere Beispiele für Casual Exercises

- Während Sie auf den Aufzug, eine Verabredung, einen Bus oder Zug warten, machen Sie Liegestütze an der Wand oder sanfte Kniebeugen.
- Gehen Sie im Haus herum und erledigen Sie einfache Aufgaben auf Zehenspitzen.
- Heben Sie während einer Fernsehsendung einige leichte Gewichte. Machen Sie isometrische Übungen (d. h. Muskeln anspannen, ohne ihre Lage zu verändern) oder fahren Sie auf einem Hometrainer.

Machen Sie es regelmäßig

Wenn Sie zu Zeiten Sport treiben, die zu Ihrer Persönlichkeit und Ihrem Zeitplan passen, erhöhen Sie die Wahrscheinlichkeit, dass Sie den Spaziergang, das Joggen oder die Spinning-Einheiten nicht schwänzen. Während Frühaufsteher gerne frühmorgens loslegen, ist das bei Langschläfern nicht der Fall. Berücksichtigen Sie bei der Auswahl einer täglichen Übungszeit alle Ausreden, die für Sie am hilfreichsten sein könnten und wählen Sie die Zeit aus, die Sie – auch auf lange Sicht – am einfachsten einhalten können.

Hilfreicher Tipp
Planen Sie Spaziergänge zu Zeiten, an denen Sie mit Heißhunger kämpfen. Gönnen Sie sich ein kleine „Verdienen Sie sich das Essen, bevor Sie es essen"- Inspiration, indem Sie vor einer Mahlzeit trainieren.

Machen Sie es zu einem Spaß

Die meisten Menschen beschweren sich über Sport, weil sie ihn als Last, Mühsal oder unerwünschtes Eindringen in einen ansonsten angenehmen Tag ansehen. Wenn Sie Sport als etwas darstellen, was Sie gern umgehen würden, wird sich leicht eine Möglichkeit finden, ihn nicht zu betreiben. Wählen Sie hingegen Aktivitäten, die Sie gern tun, wird es einfacher, Sport in Ihr Abnehm-Programm zu integrieren.

Vielleicht wandern, schwimmen oder tanzen Sie gern. Oder Sie fahren gern Rad. Es spielt keine Rolle, bei welcher Sportart Sie sich gut fühlen. Hauptsache, Sie machen diesen Sport. Sollten Sie sich durch die gleiche Routine Tag für Tag gelangweilt fühlen, ändern Sie sie. Was auch immer Sie tun, Sie werden davon mehr machen, wenn es für Sie zum Spaß wird.

Ziehen Sie sich nur das Sportzeug an
Nachfolgend eine Art und Weise, mit der Sie die Trägheit und den Widerstand überwinden, den Sie vielleicht gegenüber sportlicher Betätigung empfinden.

Sagen Sie sich: „Ich werde nicht trainieren. Ich ziehe nur meine Sportsachen an." So erwarten Sie nicht schon im Vorfeld die negativen Gefühle, die Sie mit Sport assoziieren. Schließlich ist es kein großer Stress und keine große Belastung sich Sportsachen anzuziehen.

Ziehen Sie sich um. Ziehen Sie alles an, was Sie bei einer Trainingseinheit tragen. Jedoch verzichten Sie auf alle Zubehörteile die Sie verwenden, wie z. B. Bänder, Gewichte oder Bälle. Das alleinige Anziehen Ihres Trainingsanzugs und Ihrer Turnschuhe ist ein Schritt in die richtige Richtung, auch wenn es nur ein Mini-Schritt ist.

Jetzt sind Sie ausgerüstet. Sagen Sie sich: „Es wäre Zeitverschwendung meine Sportkleidung anzuziehen und danach einfach wieder auszuziehen. Ich werde mich dehnen sowie aufwärmen." Danach sagen Sie sich: „Es wäre Zeitverschwendung, meine Sportkleidung anzuziehen, mich zu dehnen und aufzuwärmen und danach einfach aufzuhören. Ich werde drei Minuten trainieren."

Wenn Sie mit den drei Minuten fast fertig sind, sagen Sie sich: „Ich mache noch zwei Minuten weiter, um es auf fünf Minuten zu bringen. Dann kann ich das in meinem Sportprotokoll eintragen." Bis Sie die fünf Minuten hinter sich gebracht haben, werden Sie Ihren anfänglichen Widerstand überwunden haben. Vielleicht fühlen Sie sogar die Wirkung des Endorphins (die Neurochemikalie, die Ihnen bei körperlicher Anstrengung ein gutes Gefühl verleiht) und haben im Handumdrehen eine halbe Stunde oder länger trainiert. So hilft Ihnen also das Anziehen Ihrer Sportsachen, eine komplette Trainingseinheit zu absolvieren.

Hilfreicher Tipp
Ihre Sportkleidung sollte bequem und bunt sein sowie gut passen. Es sollte Ihnen Spaß machten, sie zu tragen, sodass Sie sie wirklich gern anziehen.

Rufen Sie einen Freund an

Viele Leute stellen fest, dass sie, sobald sie mit einem Partner gemeinsam Sport zu treiben beginnen, viel seltener Trainingseinheiten schwänzen. Es ist toll, einen Freund zu haben, von dem Sie wissen, dass er da sein wird – nicht nur, um Sie zu begleiten, sondern auch um Sie zu ermutigen und auch um selbst von Ihm ermutigt zu werden. Zu wissen, dass Ihr Partner auf Sie wartet, wird Ihnen helfen den Widerstand gegen das Training an solchen Tagen zu überwinden an denen Sie einfach gar keine Lust auf sportliche Betätigung haben.

Verletzen Sie sich nicht selbst

> **Beispiel**
>
> Es war einmal ein Löwenbaby, das gern so groß und stark wie sein Vater sein wollte. Aber es wollte nicht warten, bis es ausgewachsen war. Also versuchte es, seinen Vater auf jede erdenkliche Weise nachzuahmen. Ging sein Vater mit großen langsamen Schritten, lief auch das Löwenbaby mit Schritten, die es für ebenso groß und langsam hielt. Brüllte sein Vater laut, gab das Junge Töne von sich, die seiner Meinung nach dem Gebrüll des Vaters entsprachen. Dann sprang sein Vater auf die andere Seite einer tiefen Schlucht.
> Als das Junge versuchte es ihm gleichzutun, stürzte es ab und fiel immer tiefer, bis es schließlich – mit leicht zerkratztem Körper und angeknackstem Stolz – im Gebüsch am Boden landete.

Ein Hindernis, um mehr Kalorien zu verbrennen, ist der durch sportliche Betätigung ausgelöste Schmerz. Bereits überlastete Gelenke und lange Zeit ungenutzte Muskeln rufen: „Hör auf zu trainieren, du tust dir weh!" Als ob Sie einen anderen Grund bräuchten, um etwas aufzuschieben, mit dem Sie ohnehin nur schwer in Gang kommen.

Gehen Sie schrittweise vor. Der Versuch, zu viel zu früh zu tun, führt dazu, sich selbst zu verletzen und könnte Ihr Programm um Tage, Wochen oder sogar Monate verzögern.

Beginnen Sie mit sanften Arten der Kalorienverbrennung; ein Hometrainer wird Ihre Knie und Knöchel z. B. weniger belasten als Laufen. Isometrische Bewegungen können ebenfalls weniger belastend sein als Übungen mit Hanteln.

Akzeptieren Sie Ihre aktuelle Kondition sowie körperliche Verfassung und nehmen Sie diese als Ausgangsbasis für Ihre sportliche Betätigung. Wenn Sie sich zu sehr bemühen, zu schnell Fortschritte zu machen, werden Sie sich nur verletzen.

Überwindung des toten Punktes

Viele Menschen fühlen sich kurz nach Beginn einer Trainingseinheit müde. Sie beschließen: „Ich habe heute keine Energie" und hören auf, bevor sie richtig losgelegt haben.

Beim Laufen, Radfahren oder anderen Aktivitäten, die über einen bestimmten Zeitraum ununterbrochene Anstrengungen erfordern, erleben Sie, dass Sie an einem bestimmten Punkt Ihre Energie fast verbraucht haben. Aber wenn Sie etwas länger durchhalten, haben Sie diesen toten Punkt plötzlich überwunden. Sie haben das Gefühl, erneut voller Energie zu sein und werden zum Weitermachen ermutigt.

Um das zu erreichen, sollten Sie die Intensität Ihrer sportlichen Betätigung etwas zurückfahren und auf diesem reduzierten Level weitermachen. Bald werden Sie zu einem anderen Tempo wechseln und haben dann das Gefühl mehr Energie zu haben sowie in der Lage zu sein Ihre Trainingseinheit für den Tag abzuschließen.

Genießen Sie Ihre Endorphine

Die Fähigkeit, Sport zu genießen, ist äußerst wertvoll für den Erfolg auf Ihrem Weg zu einem niedrigeren Gewicht. Die Begriffe „Endorphin-Rausch" und „Läuferhoch" klingen ansprechend; vielleicht haben Sie auch eins oder beide bereits am eigenen Leib erlebt.

Endorphine sind auch dafür bekannt, als Reaktion auf den Verzehr bestimmter Lebensmittel wie Schokolade oder Makkaroni mit Käse freigesetzt zu werden.

Vielleicht kennen Sie diese Art von Endorphinen nur allzu gut. Sie müssen sie lediglich durch Sport-Endorphine ersetzen.

Wenn ich eine halbe Stunde mit dem Fahrrad fahre, habe ich ein allgemeines Gefühl von Wohlbefinden. Ich denke, das wird unter Endorphin-Rausch verstanden. Die Vorfreude auf diese Erfahrung ermutigt mich immer wieder aufs Rad steigen zu wollen.

PUNKTE, DIE SIE SICH AUS TEIL 5 MERKEN SOLLTEN
- Begreifen Sie, wie viel Sie trainieren müssen, um eine bestimmte Menge an Kalorien zu verbrennen.
- Führen Sie die „Wiege weniger"-Übung durch, um sich selbst an Ihre Absicht zu erinnern.
- Trainieren Sie achtsam.
- Um Widerstand zu überwinden, beginnen Sie mit kurzen Trainingseinheiten.
- Bauen Sie allmählich eine Trainingseinheit in voller Länge auf.

- Nutzen Sie die Gelegenheit, um nach Möglichkeit *casual exercises* auszuführen.
- Planen Sie Sport für die Tageszeit, die am besten für Sie funktioniert.
- Machen Sie Sport zu einem regelmäßigen Teil Ihres Lebens.

6

Bleiben Sie bei der Ernährung und im Leben auf dem richtigen Weg

„In jedem Moment können Sie eine Entscheidung treffen, die Sie entweder näher an Ihren Geist heranbringt oder weiter von ihm wegführt."
(Thich Nhat Hanh, Ehrwürdiger Zen-Meister)

Wie isst eine Maus einen Elefanten?

> **Beispiel**
>
> Vor langer Zeit kam ein Schüler in Japan zu einem Iaido Meister (Iaido die Kunst des Schwertziehens) und sagte: „Wenn ich Ihr hingebungsvollster Schüler werde, wie lange wird es dann dauern, bis ich Meister mit dem Schwert werde?"
> Der Meister antwortete: „Vielleicht zehn Jahre."

> „Das ist eine lange Zeit", sagte der Schüler. „Und wenn ich mich wirklich sehr anstrenge, wie lange würde es dann dauern?"
> Der Meister antwortete: „Oh, vielleicht zwanzig Jahre."
> Der Schüler war schockiert. „Zuerst haben Sie zehn Jahre geschätzt – und jetzt zwanzig Jahre. Was ist, wenn ich wirklich alles gebe?"
> „Nun," sagte der Meister, „in diesem Fall wird es dreißig Jahre dauern. Jemand, der so ungeduldig Ergebnisse erwartet wie Du, wird wahrscheinlich eine lange Zeit brauchen, um irgendetwas zu erreichen."

Ehrgeiz ist ein starker Motivator. Er ist ein Schlüsselelement für Fortschritte in Richtung jedes Ziels. Aber es handelt sich bei Ehrgeiz um ein zweischneidiges Schwert. Er kann gefährlich sein, wenn er nicht richtig gelenkt und ausgerichtet ist. Ehrgeiz wird von Dringlichkeit begleitet, die oft zu einem Tunnelblick führt. Wenn man sich zu sehr auf Ergebnisse konzentriert, kann man blind für Fallstricke auf dem Weg zum Fortschritt werden. Aufgrund der Dringlichkeit mit der Sie Verbesserungen erzielen wollen bemerken Sie eventuell nicht die von Ihrem Körper gesendeten Signale. Erkennen Sie nicht die Grenzen Ihres Körpers, können Sie sich zu stark antreiben und verletzen.

Drastische Diäten funktionieren in der Regel nicht. Wenn man mit extremen Diäten versucht, zu viel zu schnell abzunehmen, führt dies entweder zu gesundheitlichen Problemen, Rückschlägen wie dem Jo-Jo-Effekt oder dazu die Diät ganz aufzugeben. Da diese Diäten nicht die grundlegende Beziehung zum Essen ändern, ist das ursprüngliche Gewicht schnell wieder erreicht, weil alte Gewohnheiten direkt wieder aufgenommen werden.

> Frage: „Wie isst eine Maus einen Elefanten?"
> Antwort: „Bissen für Bissen."

Wenn Sie 15 kg abnehmen wollen, sollten Sie sich diesem Ziel in kleinen Schritten nähern. Beginnen Sie mit einem Ziel von 3 kg. Wiegen Sie zu Beginn Ihrer Diät 80 kg – sollten Sie nicht 65 kg als Ziel avisieren, sondern sich erstmal nur darauf konzentrieren 77 kg zu wiegen. Sobald Sie das geschafft haben, sind 74 kg Ihr nächstes Ziel und die erreichten 77 kg Ihr neues max. Gewicht. Mit jedem nachfolgenden 3 kg-Schritt geben Sie sich etwas mehr Zeit, um Ihr Ziel zu erreichen.

Auf halbem Weg zu Ihrem Ziel setzen Sie sich neue Zwischenziele in 1 kg-Schritten; Gewichtsschwankungen nach oben sollten dann max. 1 kg betragen. Sie wissen, dass es auf dem Weg zu Ihrem Wunschgewicht Hochs und Tiefs gibt. Arbeiten Sie innerhalb der Spanne: Zielgewicht und max. Gewichtsschwankung nach oben. Solange Sie sich in der unteren Hälfte dieser Toleranz befinden, wissen Sie, dass alles in Ordnung ist. Fallen Sie jedoch in die obere Hälfte zurück oder Ihr Gewicht übersteigt die max. Gewichtsschwankung nach oben, ist es Zeit, einen Blick auf das zu werfen, was vor sich geht.

Seien Sie nicht so hart zu sich selbst, wenn Sie feststellen, dass Ihre Gewichtsschwankung über dem max. Limit liegt. Sich selbst fertigzumachen, ist nicht förderlich, um sich weiterhin an Ihr Abnehm-Programm zu halten. Stellen Sie einfach urteilsfrei fest, was sich in Ihren Ess- oder Sportgewohnheiten geändert hat. Fokussieren Sie Ihre Anstrengungen erneut, um auf dem richtigen Weg zu bleiben.

Auf diese Weise werden Sie langsam, aber sicher, Ihr Ziel 15 kg abzunehmen, erreichen.

Goldlöckchen

Die meisten von uns kennen das Märchen von „Goldlöckchen und den drei Bären." Als sie das Haus der Bären betrat, stieß Goldlöckchen bei allem auf jeweils zwei

Extreme und eine Durchschnittsversion. So war der Stuhl von Papa Bär zu hart, der Stuhl von Mama Bär zu weich, aber der Stuhl von Baby Bär genau richtig. Ebenso war die Suppe von Papa Bär zu heiß, die Suppe von Mama Bär zu kalt aber die Suppe von Baby Bär genau richtig.

Wenn Sie mit einer neuen Diät beginnen, kann das Ihr tägliches Leben verkomplizieren, so dass Sie leicht mit übertriebenem Verhalten darauf reagieren könnten. Entweder gehen Sie den Tag mit der Einstellung „Ich muss alles perfekt machen" an oder Sie ergeben sich Ihrem Schicksal „Vergiss die Diät, es klappt bei mir sowieso nicht."

Keine dieser beiden Extreme wird sich als erfolgreich erweisen und Ihr neues Abnehm-Programm wird sich schneller in Luft aufgelöst haben, als Sie sich vorstellen konnten.

Ebenso sollten Sie, nachdem Sie mit Ihrem Abnehm-Programm erste Erfolge erzielt haben, nicht vorschnell handeln und Ihre Disziplin lockern. Auch wenn Sie in einer Sackgasse gelandet sind und Ihre Erfolge stagnieren, dürfen Sie es nicht übertreiben und sich selbst krankmachen.

Zen wird oft als „der Mittelweg" bezeichnet, der frei von beiden Extremen ist – weder ein Leben reiner Selbstgefälligkeit noch ein Leben ständiger Selbstverleugnung. Buddha antwortete einem Musiker auf dessen Frage „Wie soll ich meinen Geist in der Meditation halten?":

„Genau so, wie Sie die Saiten Ihres Instruments stimmen würden – weder zu stramm noch zu locker, einfach richtig."

Es kann sehr schwierig sein, „einfach richtig" zu definieren. Aber es ist nicht schwierig festzustellen, wenn etwas zu weit in die eine oder andere Richtung geht.

Ohne Extreme ist es leichter, den Mittelweg zu finden.

Weder zu enthusiastisch noch zu deprimiert

> **Beispiel**
>
> Ein Schüler ging zu seinem Lehrer und sagte: „Ich weiß nicht, was ich tun soll. Ich bin schrecklich schlecht beim Üben achtsamen Bewusstseins. Die Hälfte der Zeit bin ich mit der Vergangenheit beschäftigt und die andere Hälfte mit der Zukunft. Ich kann einfach nicht im Hier und Jetzt sein und mich entspannen. Ich bin sehr frustriert und komme nicht voran."
> Ohne geringste Besorgnis sagte der Lehrer: „Solche Dinge kommen und gehen. Üben Sie weiter."
> Nach einem Monat bat der Student um ein weiteres Gespräch. „Sie hatten Recht. Jetzt bin ich beim Üben achtsamen Bewusstseins richtig gut. Ich fühle mich ausgeglichen und ruhig, bewusst und präsent. Ich bin sehr zuversichtlich und mache wirklich Fortschritte."
> Ohne im Geringsten beeindruckt zu sein, sagte der Lehrer: „Solche Dinge kommen und gehen. Üben Sie weiter."

Abzunehmen und fit zu werden ist der Neujahrsvorsatz Nr. 1. Das zeigt, wie viele Menschen es für notwendig erachten, mit einem Abnehm-Programm zu starten.

Leider ist dies auch der am häufigsten gebrochene Neujahrsvorsatz. Von denen, die abnehmen, hält nur ein kleiner Prozentsatz das Gewicht auf lange Sicht.

Damit ein Abnehm-Programm ein Leben lang inklusiver aller Hochs und Tiefs wirksam bleibt, darf es nicht nur eine schnelle und kurzfristige Lösung sein. Es muss auch Werkzeuge zur Verfügung stellen, die Sie dabei unterstützen, die neue Richtung in Ihrem Leben beizubehalten. Das Abnehm-Programm muss ein Teil Ihres Lebens werden, damit es nicht von einem schlechten Tag oder einem wilden und verrückten Wochenende sabotiert werden kann. Tun Sie Ihr Bestes, um weder zu enthusiastisch auf ein abgenommenes Pfund noch zu deprimiert nach einem Ausrutscher auf ein zugenommenes Pfund zu reagieren.

Vermeiden Sie die Orte und Zeiten, die Sie in die **EGAL-Zone** und zurück zu alten Gewohnheiten führen. Verlassen Sie sich auf Ihr achtsames Bewusstsein. *Das NINJA-System*® wird Ihnen helfen, die guten neuen Gewohnheiten, die Sie entwickelt haben, beizubehalten.

Besonders wenn Sie ein Ziel erreichen – sei es ein Etappen- oder Ihr Endziel – besteht die Gefahr, selbstgefällig und zufrieden zu werden und sich zu fühlen, als hätten Sie alles erledigt. Die nächste Phase Ihrer Abnehm-Reise, in der Sie Ihr Gewicht aufrechterhalten müssen, hat aber gerade erst begonnen.

Nachlassende Erfolge

Wenn Sie zum ersten Mal eine neue Diät beginnen, hat es vielleicht den Anschein, dass Sie sich in einem guten Tempo auf Ihr Ziel hinbewegen. Später wird es Zeiten geben, in denen Sie das Gefühl haben, alles richtig zu machen. Trotzdem sehen Sie auf der Waage keine Veränderung. Auch wenn Sie dann schnell enttäuscht sein können, müssen Sie sich daran erinnern, dass Sie etwas wirklich Gutes für sich selbst getan haben.

Sie haben hart gearbeitet und sich fortwährend auf Ihre erforderliche Absicht konzentriert aber trotzdem befinden Sie sich gerade in einer Diät-Sackgasse. Halten Sie sich auch jetzt an Ihr Programm. Geben Sie nicht auf oder fallen in alte Gewohnheiten zurück. Setzen Sie Ihre neuen Gewohnheiten wie z. B. die „Wiege weniger"-Übung häufiger ein.

Entsprechen die verbrannten Kalorien den mit Ihrem Essen aufgenommenen Kalorien, werden Sie Ihr Gewicht halten. Um mehr abzunehmen müssen Sie entweder weniger Kalorien zu sich nehmen oder Ihre körperlichen Aktivitäten erhöhen.

Bedenken Sie, dass das Gewicht möglicherweise nicht das einzige zu berücksichtigende Maß ist. Sie wissen, dass Ihr Programm funktioniert, weil Ihre Kleidung besser passt oder lockerer sitzt und weil Leute Ihnen Komplimente zu Ihrem guten Aussehen machen. Sie können sich auch Fotos von sich selbst ansehen auf denen Sie noch viel mehr gewogen haben und Ihre bisherigen Erfolge anerkennen.

Sie verändern Ihr Verhältnis zu Nahrung und Essen – und das für immer. Es handelt sich um eine Änderung Ihres Lebensstils der Ihnen viele Vorteile einbringen wird.

Also verzagen Sie nicht, wenn sich das Tempo des Fortschritts verlangsamt.

Wo stand nochmal die Waage?

Wenn Dinge gut laufen, werden wir manchmal selbstgefällig. Wir vergessen entweder unsere Mahlzeiten zu protokollieren, schwänzen unseren Nachmittagsspaziergang oder wiegen uns einfach nicht.

Im Kampf mit unserer Disziplin können wir entmutigt oder frustriert werden. Es ist uns peinlich aufzuschreiben, was wir essen. Wir haben keine Lust auf Spaziergänge und haben Angst, uns auf die Waage zu stellen.

Ohne die Möglichkeit, das wieder in Ordnung zu bringen, könnten wir den Abnehm-Plan auch einfach ganz aufgeben.

Erstellen Sie einen Wiege-Zeitplan, der für Sie funktioniert. Wenn Sie sich unter der Woche ganz streng an Ihre Diät halten und an den Wochenenden mit Ihren Essgewohnheiten etwas entspannter umgehen, sollten Sie sich nur jeden Freitag wiegen.

Wenn tägliches Wiegen Teil Ihres Plans ist hören Sie nicht auf die Gedanken, die versuchen Ihnen das auszureden. Sie begeben sich auf Glatteis, wenn Sie einen Tag überspringen. Sie sagen: „Ich werde mich bessern und mich morgen wiegen." Aber dann bessern Sie sich doch nicht und überspringen einen weiteren Tag. Und schon bald löst sich Ihr Abnehm-Programm in Wohlgefallen auf.

Hilfreiche Tipps

- Das beste Zwischenziel für Sie ist eins, das eher inspirierend als entmutigend ist.
- Akzeptieren Sie, dass Ihr Gewicht nicht stetig abnehmen wird. Sie werden Ihre Hochs und Tiefs haben.
- Machen Sie die „Wiege weniger"-Übung als Motivator und Gedächtnisstütze Ihrer Absicht.

Bleiben Sie schlank

> „Wie konnte mir das nochmal passieren?!" (aus einem Interview mit Oprah Winfrey)

Warum ist es so schwer unser Idealgewicht zu halten nachdem wir es erreicht haben? Anstatt eines neuen gesunden Lebensstils betrachten wir in der Regel eine Diät als etwas Vorübergehendes – „etwas, mit dem wir beginnen" und dementsprechend auch „wieder aufhören".

Haben wir nicht das *Positive Auswahl Modell* angewendet, fühlt sich Diäthalten an, als wären wir gezwungen, Dinge aufzugeben, die wir gerne mögen. So wächst in uns zunehmend der Wunsch sowie das Verlangen, das Entbehrte wieder zu erleben und zu genießen. Wir können es nicht erwarten das Gefühl der Benachteiligung loszuwerden. Deshalb fällt es den meisten Menschen schwerer das Gewicht zu halten als es vorher zu reduzieren.

6 Bleiben Sie bei der Ernährung und im Leben …

Die erste Phase Ihres Programms ist mit Erreichen Ihres Zielgewichts abgeschlossen. Die nächste Phase, die bis zu Ihrem Lebensende andauert, besteht aus der Beibehaltung dieses Gewichts sowie einer nachhaltigen guten Gesundheit und Fitness. Mangelnde Disziplin und Motivation können dazu führen, dass Sie wieder zunehmen, nachdem Sie so hart dafür gearbeitet haben abzunehmen. Es ist überraschend einfach, in alte Gewohnheiten zurückzufallen. Im Handumdrehen fragen Sie sich: „Wie konnte mir das nochmal passieren?".

Wir müssen wachsam sein, um unsere Absicht aufrechtzuerhalten und arbeiten ständig daran, nicht in die alten Gewohnheiten zurückfallen, die aus unserer tief sitzenden Reaktion auf **S**tress, **T**äuschungen/Versuchungen, **E**motionen und **P**ersönlichkeitsproblemen als Auslöser entstehen.

Die Aufrechterhaltung Ihres Idealgewichts sowie die anhaltende gesunde Beziehung zu Essen und Sport sind kein kurzer Ausflug, sondern eine lebenslange Reise.

Jo-Jo-Lebensstil

Untersuchen Sie Ihre Essgewohnheiten. Nehmen Sie ab und dann wieder zu, um anschließend wieder abzunehmen. Ähnelt Ihr Gewicht also einem Jo-Jo? Bei einigen Menschen wechseln sich drastische Diäten und Fressgelage ab. Andere nehmen allmählich ab und anschließend langsam wieder zu. Es spielt keine Rolle, ob sich Ihr Gewicht schnell oder langsam verändert; Sie befinden sich in einem sich selbst erneuernden Kreislauf. Es ist an der Zeit, sich einige Fragen zu stellen:

> Wenn es so eine Qual ist, warum mache ich dann weiter?
> Was habe ich davon, mich so zu verhalten? Wenn so ein Mensch aus mir geworden ist, möchte ich so einer bleiben?

„Tiefpunkt" ist ein Begriff, der bei 12-Schritte-Programmen üblich ist. Es ist der Punkt, an dem jemand entscheidet, es nicht länger ertragen zu können. Einige Menschen müssen erst an diesem Tiefpunkt angekommen sein, um die Motivation zu entwickeln, nicht nur abzunehmen, sondern das niedrigere Gewicht auch zu halten.

> Ich fühlte, dass ich am Tiefpunkt angekommen war, als ich erkannte, dass mein Essverhalten jeden Aspekt meines Lebens beeinflusste.

Wenn Sie Ihr Abnehm-Programm als eine Art Gefängnisstrafe betrachten, kann Sie dies zu einem „Diät-Jo-Jo" führen. D. h. Sie nehmen während der Diät ab, kehren danach aber zu Ihren alten Gewohnheiten zurück, durch die Sie zuerst zugenommen hatten.

Wiederholtes Ab- und Zunehmen kann nicht nur demoralisierend, sondern auch schlecht für Ihr Herz sein. Studien haben gezeigt, dass abermalige Gewichtsschwankungen mit einem erheblich erhöhten Risiko in Bezug auf Herzerkrankungen verbunden sind.

Um diesem Kreislauf zu entkommen, müssen Sie einen neuen und gesünderen Lebensstil annehmen.

Hilfreiche Tipps
Nach einem Fressgelage:

- Schreiben Sie alles auf, was Sie gegessen haben, so schmerzhaft das auch sein mag.
- Nutzen Sie es als Motivation, um sich disziplinierter zu verhalten.
- Schreiben Sie die Auslöser, Gefühle sowie Umstände auf, die zu dem Fressgelage geführt haben.

Nehmen Sie mit urteilsfreier Achtsamkeit die Erklärungen, das Umfeld und die Emotionen wahr, die zu Ihren Fressattacken führen sowie diese ermöglichen.

Eher neugierig als ängstlich

Dies ist eine wahre Geschichte, die meine liebe Freundin Pema Chödrön in ihrem Buch *„Start Where You Are: A Guide to Compassionate Living"* erzählt.
Sie geschah Anfang 1900 in Südkalifornien.

> **Beispiel**
>
> Ein Ureinwohner Amerikas, das einzige überlebende Mitglied seines Stammes, hatte sich viele Jahre auf einer vorgelagerten Insel versteckt. Er wurde entdeckt und zu einem Anthropologen an einem nahegelegenen College gebracht, der ihn in seine Obhut nahm. Sein Name war Ishi und der Anthropologe lehrte ihn Englisch und verschiedene Dinge über die moderne Welt.
>
> Eines Tages wollte der Anthropologe Ishi nach San Francisco bringen. Sie fuhren mit einigen Freunden zum Bahnhof, um den Zug zu bekommen. Als er sich dem Bahnsteig näherte, versteckte sich Ishi hinter eine Säule. Die anderen stiegen in den Zug und bemerkten ihn, als er verstohlen um die Säule blickte. Sie gaben ihm ein Zeichen, mit ihnen mitzukommen. Er schlich heran und stieg in den Zug.
>
> Später fragte ihn der Anthropologe, ob er die Zugfahrt genieße. Ishi erzählte ihm, dass sein Stamm Züge für eiserne Monster hielt, die durch die Landschaft zogen und Menschen aßen.
>
> Der Anthropologe brachte seine Überraschung zum Ausdruck, dass ein Handzeichen seiner Freunde genügt hatte, um Ishi dazu zu bringen, in den Zug zu steigen. „Wie hast du den Mut dazu aufgebracht?!", fragte er.
>
> „Nun," sagte Ishi, „seit ich klein war, wurde mir beigebracht, dass Neugierde immer die Oberhand über die Angst haben sollte."

Wenn wir uns einer neuen Ebene des Erfolgs nähern, stellt sich häufig Angst ein. Für einige ist es die Angst vor dem Scheitern; für andere ist es die Angst vor dem Erfolg.

Die Angst vor dem Scheitern erzeugt Furcht. Um dieser Furcht zu entkommen, können wir uns selbst sabotieren und unsere Diät bei der geringsten Entmutigung beenden. Damit vermeiden wir zwar die Angst unsere Ziele nicht zu erreichen aber wir geben uns nie eine Chance auf echten Erfolg.

Die Angst vor dem Erfolg entsteht durch die Vorstellung, was von uns erwartet wird und unserer Überzeugung, diesen neuen Standards nicht gerecht werden zu können. Auch hier finden wir Möglichkeiten unsere Bemühungen mit Selbstsabotage zu untergraben, um die erwartete Angst zu vermeiden.

Wir können unsere Ängste nicht leugnen. Aber wir können lernen sie zu überwinden. Wenn wir unsere Ängste akzeptieren anstatt vor ihnen zu flüchten, haben wir die Möglichkeit, auf sie bewusst statt reaktiv zu reagieren.

Das ist wahre Furchtlosigkeit.

Wie Ishi können wir eine offene und neugierige Haltung gegenüber unserem Leben einnehmen, egal was in der Zukunft passieren mag. Dies ermöglicht uns einen Weg durch unsere Ängste und gibt uns eine echte Chance auf nachhaltigen Erfolg.

Wie das Sprichwort sagt: „Das Leben ist wie eine Schildkröte. Wenn man den Hals nicht herausstreckt kommt man nie irgendwo hin."

Pflastern Sie die Straßen mit Leder

> **Beispiel**
>
> Im alten Indien gab es eine Königin mit sehr empfindlichen Füßen. Sie beschwerte sich ständig über die Straßen des Königreichs die uneben und holprig waren. Schließlich entschied die Königin, dass alle Straßen mit Leder gepflastert werden sollten, damit ihre Füße nie wieder schmerzen würden. Egal, wo auch immer sie hingehen wollte.
> Sie lud die besten Auftragnehmer ein, ihr Angebote für dieses riesige Projekt zu unterbreiten. Einer antwortete: „Ich kann den Job machen aber es wird Sie die gesamte Schatzkammer des Königreichs kosten." Ein anderer sagte: „Ich kann die Straßen für die Hälfte dessen, was in der Schatzkammer ist, mit Leder pflastern."
> Dann flüsterte ihr ihr altes Zimmermädchen zu: „Ich kann den Job für 10 Rupien erledigen. Ich werde Ihnen einfach ein Stück Leder unter jeden Fuß schnallen und Sie werden überall auf Leder gehen."

Es gibt mehrere Gründe, warum wir uns beschweren. Vor allem soll dadurch eine Situation geändert werden, auf die wir meistens keinen Einfluss haben. Zum Beispiel sind wir möglicherweise darüber unglücklich, dass selbst eine kleine Portion Pommes Frites so viele Kalorien hat. Aber daran ändert auch ein Beklagen nichts.

Wir beschweren uns auch, um unser Ego zu schützen. Wir fühlen uns besser, wenn wir etwas Anderes beschuldigen können. Wir wollen eine Entschuldigung; es ist nicht unsere Schuld, dass wir zu viel gegessen haben.

Aber durch Beschwerden verschlimmert sich eine schlechte Situation nur. Passen Sie sich und Ihren Gemütszustand an alles an, was Ihnen begegnet. Akzeptieren Sie die Bedingungen und machen Sie das Beste aus ihnen. Sie können oft nicht beeinflussen, was mit Ihnen geschieht aber Sie können immer Ihre Reaktion darauf steuern.

Ob es die kostenlosen Süßigkeiten im Pausenraum bei der Arbeit oder ein Familientreffen in einem All-you-can-eat-Restaurant sind, reagieren Sie positiv auf die Situation, ohne sich zu beschweren.

Mein Lehrer, Ösel Tendzin, gab seinen Schülern diese einfache, aber sehr wirksame Anweisung:

> Beschweren Sie sich nicht.
> Über irgendetwas.
> Nicht einmal bei sich selbst.

Jeder macht Fehler

Obwohl wir wissen, dass jeder Fehler macht, fällt es uns schwer, freundlich zu uns selbst zu sein, nachdem uns ein Fehler unterlaufen ist. Ich benutze die folgende Übung in meinen Workshops (www.r-e-m-i-n-d.de), um diesen Punkt zu veranschaulichen. Ich bitte alle, sich vorzustellen, dass sich ein guter Freund einen Ausrutscher bei seinem Diät-Programm geleistet hat. So ist dieser z. B. zu einer Party gegangen und hat jede Menge von dem gegessen, was er eigentlich meidet. Dann bitte ich die Workshop-Teilnehmer den Namen ihres Freundes einzufügen, während sie den folgenden Satz sagen: „Alles okay, [Name des Freundes einfügen], jeder macht Fehler."

Ich bitte sie, sich vorzustellen, diesen Satz so ermutigend und enthusiastisch wie möglich in einer aktuellen Situation zu sagen. Auf die Frage, wie sich das angefühlt habe, antworteten sie, dass es ein gutes Gefühl war, einem Freund Unterstützung sowie Trost spenden zu können.

Ich habe sie den gleichen Satz wiederholen lassen, aber dieses Mal sollten sie sich vorstellen, dass sie selbst übermäßig viel gegessen hatten und ihren eigenen Namen anstelle des Namens ihres Freundes einfügten. Wenn die Teilnehmer den Satz in dieser Version sagen, sind die meisten ihrer Stimmen kaum hörbar. Viele Menschen haben einen gequälten Gesichtsausdruck. Manche lachen nervös, um die Anspannung zu umgehen. Einige berichten, dass es eng in ihrem Brustkorb wird oder sich ihr Hals zuzieht.

Die meisten von uns finden es viel einfacher, nett zu einem Freund als zu sich selbst zu sein. Es ist einfacher einem Freund als uns selbst zu sagen: „Alles okay, jeder macht Fehler". Im Allgemeinen machen es sich die Menschen selbst schwer und sie können sich selbst kaum eine Pause gönnen.

Wenn Sie mit Ihrer Diät kämpfen, versuchen Sie, sich nicht selbst im negativen Selbstgespräch zu beleidigen oder zu beschimpfen. Realisieren und akzeptieren Sie, was passiert ist und beschließen Sie, es beim nächsten Mal besser zu machen. Behandeln Sie sich genauso wie Sie mit Ihrem besten Freund umgehen würden, also mit positiven und ermutigenden Anmerkungen. Seien Sie nett zu sich selbst.

Lassen Sie die Vergangenheit los

Beispiel

Einst liefen zwei Mönche einen Pfad durch den Wald entlang. Als sie zu einem Fluss kamen, begegneten sie einer jungen Frau, die in feiner Seide gekleidet war und den Bach nicht überqueren konnte ohne ihre Kleidung zu ruinieren. Einer der Mönche bot ihr an sie auf dem Rücken zu tragen. Sie nahm das Angebot an und der Mönch setzte sie, nachdem sie den Strom überquert hatten, auf der anderen Seite ab. Sie dankte ihm und die beiden Mönche setzten ihren Weg fort.

> In dem Kloster, zu dem diese Mönche gehörten, galt die Regel, keine Frauen berühren zu dürfen. Der andere Mönch war entsetzt, dass sein Ordensbruder diese Regel gebrochen hatte und quälte sich auf ihrem weiteren Weg mit diesem Gedanken. So dachte er: „Wie konnte er sein Gelübde bloß verletzen? Wird er beichten? Soll ich es dem Abt melden? Werden sie ihn hinauswerfen? Werde ich auch in Schwierigkeiten geraten? Warum hat er mich in diese Situation gebracht?" Und er wurde immer ärgerlicher.
>
> Nachdem sie etwa eine Meile gegangen waren, blieb er plötzlich stehen und rief: „Wie konntest du das machen?!"
>
> „Was machen?", fragte der erste Mönch.
>
> „Wie konntest du diese Frau berühren?!"
>
> „Ach, sie? Ich habe sie abgesetzt, nachdem wir den Strom überquert hatten. Warum fragst du, mein Bruder? Trägst du sie immer noch?"

Wir können uns – wie der Mönch in dieser Geschichte – noch lange Zeit mit etwas beschäftigen, über das wir uns geärgert haben. Als könnten wir die Vergangenheit ändern und ein anderes Ergebnis heraufbeschwören, indem wir den Vorgang in unserem Kopf wiederholen.

Sind Sie in der Vergangenheit gefangen, ist es für Sie unmöglich, in der Gegenwart Ihr Bestes zu geben. Akzeptieren Sie die Umstände mit achtsamem Bewusstsein und lassen Sie so schnell wie möglich das Schuldgefühl und den Selbsthass los.

Dies gilt sowohl, wenn Sie mehr gegessen als auch weniger Sport getrieben haben als geplant.

Mein Lehrer, Ösel Tendzin, bot diese 4-teilige Abhilfe für den Umgang mit Reue an:

1. Akzeptieren Sie, was passiert ist und übernehmen Sie dafür die Verantwortung.
2. Lernen Sie daraus und tun Sie Ihr Mögliches, um Schäden zu reparieren.

3. Arbeiten Sie daran, Ihre Gewohnheiten zu ändern, um zu verhindern, dass es wieder passiert.
4. Lassen Sie das Gefühl der Reue los und verschwenden Sie keinen weiteren Moment damit.

Sandwich des Tages

Sie können die in diesem Buch vorgestellten Prinzipien nicht nur auf Ihre Diät, sondern auch auf Ihr ganzes Leben anwenden.

Stellen Sie sich jeden Tag als ein „achtsames Bewusstsein-Sandwich" vor. Die beiden Brotscheiben symbolisieren, wie Sie jeden Tag beginnen und beenden.

Sie beginnen den Tag mit einer Absicht und beenden ihn mit einer Rückbesinnung. Ihre Aktivität ist der jeden Tag etwas andere Sandwich-Belag, der zwischen Absicht und Erinnerung liegt.

Atmen Sie morgens als allererste Aktion zuerst drei Mal tief ein und aus, um Ihren Geist zu klären sowie Ihre Energie zu wecken. Legen Sie mental Ihre grundlegenden Absichten für den Tag fest und nehmen Sie sich vor, sich Ihrer Gedanken, Worten und Handlungen so achtsam wie möglich bewusst zu sein.

Bekennen Sie sich zu Ihrem Diätprogramm und den **drei s:** **s**pärlichere/kleinere Portionen, **s**tückchenweise und langsamer Essen sowie früher mit dem Essen **s**toppen.

Sie können auch die Absicht einschließen, positive Selbstgespräche und gute Kommunikationen mit anderen aufrechtzuerhalten. Das ist eine Brotscheibe Ihres Sandwiches.

Seien Sie den ganzen Tag über so präsent wie möglich und kehren Sie in die Gegenwart zurück, wenn Sie in Tagträume der Vergangenheit oder Zukunft abgleiten.

Am Ende des Tages denken Sie darüber nach, wie Sie es gemacht haben. Das ist die andere Scheibe Brot. Inwieweit haben Sie die erforderlichen Absichten erfüllt, mit denen Sie Ihren Tag begonnen haben? Es ist kein Wettbewerb. Sie haben weder gewonnen noch verloren. Erinnern Sie sich nur daran, was mit dem urteilsfreien Bewusstsein passiert ist.

In dem Maße, in dem sie nicht achtsam waren, nehmen Sie sich vor, Ihr Bestes zu geben, um dies zu verbessern. Im Falle eines kleinen Ausrutschers erkennen Sie, wodurch er ausgelöst wurde, was Sie besser hätten tun können und bekräftigen Sie Ihre Absicht. Bei einem wesentlichen „Oh je, hoppla!"-Ausrutscher bestrafen Sie sich nicht, sondern nehmen Sie sich einfach für den nächsten Tag einen Neuanfang vor.

Wann und wo immer Sie etwas gut gemacht haben, seien Sie damit zufrieden. Egal, wie sehr Sie Ihr achtsames Bewusstsein beibehalten haben, seien Sie glücklich, dass Sie und andere davon profitiert haben.

Nachdem Sie das Sandwich des Tages fertiggestellt haben, schlafen Sie gut.

> **PUNKTE, DIE SIE SICH AUS TEIL 6 MERKEN SOLLTEN**
> - Keine drastischen Diäten. Langsam und stetig.
> - Nehmen Sie den Mittelweg.
> - Seien Sie weder zu enthusiastisch noch zu deprimiert.
> - Verlieren Sie nicht den Mut, wenn Sie einen Tiefpunkt haben.
> - Es ist oft schwieriger, das niedrigere Gewicht zu halten als es zu erreichen. Machen Sie Ihr Abnehm-Programm zu einer Lebensweise, nicht zu einer vorübergehenden Diät.
> - Entwickeln und bewahren Sie eine furchtlose Haltung. Beschweren Sie sich nicht, lassen Sie die Vergangenheit los und seien Sie nett zu sich selbst.
> - Beginnen und beenden Sie jeden Tag mit einer positiven Einstellung.

Die in diesem Buch vorgestellten Grundsätze bieten Ihnen einen bewährten Weg, von dem Sie in allen Aspekten Ihres Lebens profitieren werden. Wenn Sie diese Prinzipien beherzigen, können Sie Ihr Potenzial entfalten und Ihre Ziele verwirklichen.

Ich hoffe, dass das, was Sie gelesen haben, es Ihnen ermöglicht, sich Ihr bedingungsloses Vertrauen zunutze zu machen und das Gold zu offenbaren, das Ihre wahre Natur ist. Zudem hoffe ich, dass dieses Buch Ihren Weg der Gewichtsabnahme und Ihre weiteren Lebenserfahrungen für Sie sowie Ihre Weg-/Lebensbegleiter noch lohnender macht.

Anhang

Dies ist die erweiterte Version der Phasen einer Übungseinheit, die im Abschn. „Üben Sie achtsames Bewusstsein" vorgestellt wurde.

> **Wichtig**
> Obwohl die folgenden Anweisungen ausreichen, um mit dem Üben achtsamen Bewusstseins zu beginnen, ist es wichtig, persönliche Anleitungen von einem qualifizierten Lehrer zu erhalten, wenn man tiefer eintauchen möchte.
> Bitte beachten Sie auch: Personen mit Atemwegsproblemen sollten vor jeglichen Atemübungen einen Arzt konsultieren.

Übungsphasen zu achtsamem Bewusstsein

Übungen zum achtsamen Bewusstsein bringen Ihnen bei:

- Besser darauf zu achten, was Sie tun.
- Diese Aufmerksamkeit für längere Zeit aufrechtzuerhalten.
- Schneller zu bemerken, wenn Ihre Aufmerksamkeit abwandert.
- Noch rigoroser zum Hier und Jetzt zurückzukehren.

Die Übung zum Aspekt *Achtsamkeit* konzentriert sich genau auf das, was Ihr Körper und Geist im Hier und Jetzt tun. Egal, ob Sie stillsitzen oder aktiv sind. Der Aspekt *Bewusstsein* wird auf das Umfeld abgestimmt, in dem Ihre Gedanken und Wahrnehmungen von einem Moment zum anderen kommen und gehen.

Wenn Sie die Genauigkeit der Achtsamkeit sowie die Perspektive des Bewusstseins kombinieren, können Sie in die Gegenwart zurückkehren, wenn Sie abschweifen und voll und ganz auf alles reagieren, was Sie erfahren und erleben.

Nehmen Sie Platz
Finden Sie einen Ort, an dem Sie während der Übung ohne Unterbrechung sitzen können. Für einen Anfänger ist es hilfreich, einen ruhigen Ort aufzusuchen und für kurze Zeit zu üben. Bis Sie Ihre Konzentration gestärkt haben, wird Sie jedes geschäftige Treiben um Sie herum ablenken. Mit gestärktem Fokus werden Sie dann in der Lage sein, auch dann Ihr achtsames Bewusstsein zu bewahren, wenn Sie sich an einem hektischen Arbeitsplatz, in einem intensiven Gespräch oder mit Freunden in einem Restaurant befinden.

Während dies traditionell im Schneidersitz auf einem Kissen geschieht, empfinden es die meisten Menschen als leichter auf einem Stuhl oder Hocker zu sitzen. Wenn Sie einen Stuhl verwenden, setzen Sie sich in die Mitte der Sitzfläche, ohne sich anzulehnen. Es ist hilfreich, Ihre Knie auf gleicher Höhe wie Ihre Hüften oder niedriger zu haben, sodass Ihre Beine und Ihr Rücken nicht belastet werden. Sie können Ihre Füße flach auf den Boden stellen oder locker vor sich überschlagen.

Bewahren Sie Ihre Körperhaltung
Am besten beginnt man im Sitzen mit dem Üben achtsamen Bewusstseins, denn im Stehen neigen wir schnell dazu uns zu bewegen bzw. im Liegen einzuschlafen. Leute sitzen gerade, wenn sie aufpassen. Wir sitzen auf der Stuhlkante, wenn wir an etwas sehr interessiert sind. Wenn Sie diese Position mit guter Körperhaltung einnehmen und bewahren, fördert dies Ihr achtsames Bewusstsein.

Eine gute Körperhaltung erleichtert das Atmen und macht es einfacher, aufmerksam zu bleiben. Ihre Wirbelsäule sollte gerade aufgerichtet aber nicht starr sein. Der Hinterkopf kann sich leicht nach oben strecken, sodass Ihr Kinn etwas eingezogen ist. Um das richtige Gefühl dafür zu bekommen, stellen Sie sich mit Ihren Schulterblättern und Hüften gegen eine Wand und legen den Hinterkopf vorsichtig an diese Wand.

Lassen Sie Ihr Brustbein sehr leicht nach oben und nach vorne bewegen, während sich die Mitte Ihres Rückens sehr leicht rückwärts und in die Breite bewegt. Ihr Oberkörper weitet sich dadurch und nimmt Druck von Ihrer Lunge, sodass Sie leichter sowie tiefer atmen können.

Es ist ideal, gerade aber nicht versteift zu sitzen. Stellen Sie sich Ihre Wirbelsäule wie eine Zeltstange vor; der restliche Körper ist das Zelttuch, das lose an der Stangenspitze hängt.

Lassen Sie Ihre Arme gerade von Ihren Schultern herunterbaumeln. Legen Sie Ihre Hände mit den Handflächen nach unten auf Ihre Oberschenkel. Lockern Sie Ihre Kiefermuskulatur und lassen Sie Ihre Lippen leicht geschlossen.

Erdung
Nachdem Sie die richtige Körperhaltung eingenommen haben, besteht der nächste Schritt im Mentaltraining darin, sich in drei Stufen zu erden:

Schließen Sie zuerst sanft die Augen. Lassen Sie jede überschüssige Spannung, die Sie nicht zum Bewahren Ihrer Körperhaltung brauchen, aus Ihrem Körper fließen, indem Sie sich mental von Kopf bis Fuß scannen (Körper-Scan). Wenn Sie Spannungsbereiche lockern wollen, indem Sie diese einfach mit ihrem Bewusstsein berühren, lösen sich die Spannungen allmählich auf – wie in der Morgensonne schmelzende Schneeflocken.

Nehmen Sie jede An-/Verspannung in Ihrem Körper wahr:

- Gesicht, Kiefer und Hals,
- Schultern sowie Arme und Hände,
- Brustkorb und Schulterblätter,
- Bauch sowie unterer Rücken,
- Hüften, Oberschenkel, Waden und Füße.

Die Spannungen, die Sie wahrnehmen, sollten sich möglichst auflösen. Sie sollten das Gefühl haben, dass sie nach unten und aus Ihnen heraus in die Erde fließen.

Im zweiten Schritt lassen Sie Ihren Geist nach unten in Ihre Körpermitte wandern. Die meisten von uns haben das Gefühl, dass unser Geist irgendwo in der Vorderseite des Kopfes liegt, weil viele Sinnesorgane, mit denen wir unser

Umfeld wahrnehmen – unsere Augen, Ohren, Nase und Mund – dort liegen. Mit noch immer sanft geschlossenen Augen lassen Sie Ihren Geist nach hinten Richtung Schädelrückseite fallen. Haben Sie dabei das Gefühl, als ließen Sie sich – umgeben von Rücken- und Armlehnen – in einen großen, weichen Sessel fallen. Von dort lassen Sie Ihren Geist langsam durch Ihren Körper hinuntergleiten. Fühlen Sie, wie Sie entlang der Vorderseite Ihrer Wirbelsäule – vorbei an Hals, Herz und Magen – bis zu Ihrer Körpermitte direkt unter Ihrem Nabel – ruhig werden; wie ein Blatt, das langsam auf den Grund eines Teiches treibt.

In der dritten Stufe der Erdung verschmelzen Sie durch tiefes, rhythmisches Atmen mit der Erde. Stellen Sie sich vor, mit jedem Ausatmen tiefer in den Sitz hineinzusinken, auf dem Sie sitzen. Beim Einatmen stabilisieren Sie dieses Gefühl. Sinken Sie mit jedem Ausatmen tiefer und tiefer, bis Sie letztendlich das Gefühl haben, mit der Erde zu verschmelzen – dann sind Sie optimal geerdet. Je ruhiger und entspannter Sie werden, desto langsamer und ruhiger wird Ihre Atmung.

Auf unmittelbare Nähe gelenkte Aufmerksamkeit
Wenn Sie einen Hund oder ein Pferd trainieren, müssen Sie ihn zuerst zähmen. Daher halten Sie das Tier an sehr kurzer Leine, nahe an Ihrem Körper, damit sie es schnell zurückziehen können, wenn es vom rechten Weg abweichen will. Sie müssen Ihren Geist auf die gleiche Weise zähmen. Indem Sie Ihre Aufmerksamkeit nur auf Ihre Körperhaltung und Ihren Atem konzentrieren, halten Sie Ihren Geist in Ihrer Nähe, also an der kurzen Leine.

Traditionsgemäß wird der Atem als Grundlage für das Üben achtsamen Bewusstseins verwendet. Unser Atem ist zwar unter unserer Kontrolle aber wir atmen auch, ohne darüber nachzudenken. Er ist sowohl Teil der Umwelt, die wir in uns aufnehmen; als auch ein Teil von uns, den wir an die Umwelt abgeben.

In dieser Übungsphase konzentrieren Sie Ihre Aufmerksamkeit während des Ein- und Ausatmens auf Ihren Körper. Sie übernehmen dabei die Rolle eines Beobachters und lenken Ihre Atmung nicht bewusst.

Öffnen Sie halb Ihre Augen, sodass Ihre Augenlider die obere Hälfte Ihres Sichtfeldes blockieren. Während Sie Ihre Körperhaltung beobachten und die Atmung wahrnehmen, sollten Sie das Gefühl haben, als ob Sie nach unten in Ihren Körper schauen. Ihr Blick ist weich und nicht starr auf einen Punkt fokussiert. Geben Sie sich der Wahrnehmung Ihrer Atmung und dem Gefühl hin, dass sich Ihr Oberkörper beim Einatmen mit Luft füllt und beim Ausatmen wieder leert.

Zur Übung des achtsamen Bewusstseins gehört es auch, sich selbst die Rückkehr in den gegenwärtigen Moment beizubringen. Irgendwann wird Ihr Geist in verschiedene Gedanken abwandern, sodass Sie Ihre Aufmerksamkeit nicht länger auf Ihre Körperhaltung und die Wahrnehmung Ihrer Atmung richten. Wenn Sie feststellen, dass Ihr Geist abgeschweift ist, denken Sie einfach: „Zurück ins Hier und Jetzt" und konzentrieren Sie sich erneut auf Ihre Körperhaltung sowie Ihre Atmung, ohne das Abwandern Ihrer Gedanken zu beurteilen oder zu kritisieren.

Achtsames Bewusstsein von Sinneswahrnehmungen
Sobald Sie zur Ruhe gekommen sind können Sie achtsames Bewusstsein nutzen, um sich mit dem gegenwärtigen Moment zu verbinden. Verlagern Sie Ihren Fokus von einer bestimmten Sinneswahrnehmung auf eine andere – sehen, hören, fühlen. Nehmen Sie – ohne mentale Kommentare – möglichst viel zur Kenntnis.

Mit offenen Augen schauen Sie ohne starren Blick um sich, um Ihr Sichtfeld in alle Richtungen zu erweitern. Lassen Sie Ihr Bewusstsein mit visuellen Einzelheiten füllen ohne Ihre Augen zu bewegen. Nehmen Sie Formen, Farben sowie helle und dunkle Schattierungen zur Kenntnis. Dann richten Sie – mit noch immer offenen Augen – Ihre Aufmerksamkeit auf alle nahen und fernen, lauten sowie leisen Klänge aus allen Richtungen. Beachten Sie, dass Sie, wenn Sie sich auf Klänge konzentrieren, Dinge hören, die Sie nicht gehört haben, während Sie sich auf das Sehen konzentrierten. Letztendlich richten Sie Ihre Aufmerksamkeit mit noch immer geöffneten Augen auf körperliche Empfindungen – das Gewicht Ihres Körpers auf dem Stuhl und dem Stoff der Kleider auf Ihrer Haut. Ihr Oberkörper bewegt sich mit Ihrem Atem, Ihrem Herzschlag oder Puls. Da Sinneswahrnehmungen nur in der Gegenwart vorkommen, hilft Ihnen diese Übung, länger in der Gegenwart zu bleiben als Sie es vielleicht für möglich gehalten haben.

Dann entspannen Sie sich mit Unvoreingenommenheit und Aufgeschlossenheit, während Sie auf einen Gedanken warten. Realisieren Sie, wie ein Gedanke plötzlich wie aus dem Nichts erscheint, für einen Moment verweilt und dann verschwindet. Dann seien Sie einfach offen für den nächsten Gedanken. Lassen Sie Gedanken in Ihren Geist treten, wie im Himmel fliegende Vögel. Gemäß der Tradition des achtsamen Bewusstseins ist das mentale Erkennen von Gedanken nur eine weitere Sinneswahrnehmung.

Sie werden feststellen, dass, wenn ein Sinn im Vordergrund Ihres Bewusstseins steht, alle anderen in den Hintergrund treten.

Wahrnehmung des Umfelds

Nach den Übungen zu Erdung, auf unmittelbare Nähe gelenkte Aufmerksamkeit und achtsamem Bewusstsein für Sinneswahrnehmungen besteht eine weitere Komponente des Mentaltrainings darin, die Wahrnehmung des Umfelds – eine Art Panoramasichtweise – zu entwickeln. Bei dieser Übung sind Ihre Augen wieder ganz geöffnet, ohne starr zu blicken. Während Ihr Atem in den Raum vor Ihnen entweicht, soll Ihr Geist aufgeschlossen für Ihr Umfeld sein. Ihr Geist darf zu verschiedenen Objekten, die Ihre Aufmerksamkeit erregen – Anblicke, Geräusche, Gerüche, Gedanken sowie Empfindungen – wandern, solange diese im Hier und Jetzt sind.

Schweift Ihr Geist in eine Reihe von Gedanken jenseits der Gegenwart ab, denken Sie nur: „Zurück ins Hier und Jetzt." Konzentrieren Sie sich erneut auf Ihre Körperhaltung, Atmung und Umgebung, ohne Ihre Abgelenktheit zu beurteilen oder sich selbst dafür zu kritisieren.

Setzen Sie die Übung des sich Öffnens fort und Verharren mit jedem Ausatmen im Raumgefühl. Auf diese Weise bekommen Sie langsam eine breitere Sichtweise auf Ihren Denkprozess. Sie können Gedanken sowie andere Sinneswahrnehmungen klar und deutlich wahrnehmen, wenn sie hochkommen.

Bei dieser Übung ist der Unterschied zwischen Wachsein und Tagträumen sehr auffällig. Wandert Ihr Geist in der Vergangenheit, in der Zukunft oder irgendwo anders als in der Gegenwart herum, sind Sie nicht wach für Ihre unmittelbare Umgebung. Sie befinden sich in einem Tagtraum und „verschlafen" quasi Ihre direkte Erfahrung des Hier und Jetzt. Der ideale Geisteszustand ist, möglichst wach zu sein.

Lassen Sie sich nicht entmutigen, wenn Ihr Geist häufig abschweift.

Sie können sich nicht zwingen, in der Gegenwart zu bleiben. Üben Sie weiterhin urteilsfrei die Rückkehr zum Gegenstand Ihrer Aufmerksamkeit im Hier und Jetzt. Irgendwann wird Ihr Geist zur Ruhe kommen.

Expansives Bewusstsein
Im letzten Schritt einer Mentaltraining-Sitzung wird Ihr Bewusstsein unendlich in alle Richtungen ausgedehnt. Es handelt sich um eine Erweiterung der Übung zur Wahrnehmung des Umfelds. Nehmen Sie Ihre Umgebung mit geradem, aber nicht starrem Blick bewusst wahr. Erweitern Sie mit jedem aufeinanderfolgenden Ausatmen schrittweise den Umfang Ihres Bewusstseins. Stellen Sie sich vor, dass sich Ihr Bewusstsein erst zum Horizont, dann zum Himmel und anschließend jenseits des Himmels zum Weltraum hin öffnet. Stellen Sie sich am Ende vor, dass Ihr Bewusstsein – weiter als bis zum entferntesten Stern – in alle Richtungen reicht und verharren Sie in dieser unendlichen Offenheit so lange wie möglich.

Beenden der Übung
Traditionell endet jede Sitzung der achtsamen Bewusstseins-Übung mit einem Ziel. Wenn Sie möchten, können Sie in Ihren eigenen Worten bestätigen, dass Sie während des ganzen restlichen Tages oder am Abend so achtsam wie möglich sein werden. Sie können sich auch das Ziel setzen, sich durch das Mentaltraining nicht nur beim Diäthalten zu verbessern, sondern auch ein aufrichtigerer und netterer Mensch zu werden, der sich auf direkte sowie hilfreiche Art und Weise an andere anschließen kann.

Referenzen und empfohlene Literatur

Bays, J. C. (2009). *Mindful eating.* Boston: Shambhala.
Beck, C. J. (1989). *Everyday Zen.* New York: HarperCollins.
Chödrön, P. (1994). *Start where you are.* Boston: Shambhala.
Chödrön, P. (1997). *When things fall ATEIL.* Boston: Shambhala.
Chödrön, P. (2001). *The places that scare you.* Boston: Shambhala.
Frankl, V. (1959). *Man's search for meaning.* Boston: Beacon Press.
Glasser, W. (1989). *Reality therapy.* New York: Harper Paperbacks.
Hahn, T. N. (1975). *The miracle of mindfulness.* Boston: Beacon Press.
Hahn, T. N. (1991). *Peace is every step.* New York: Bantam.
Hahn, T. N. (2010). *Savor: Mindful eating, mindful life.* New York: HarperCollins.
Kabat-Zinn, J. (1994). *Wherever you go, there you are.* New York: Hyperion.

Leonard, G. (1992). *Mastery*. New York: Dutton Plume.
Milne, A. A. (1926). *Winnie the Pooh*. Boston: E.P. Dutton.
Parent, Joseph. (2002). *Zen Golf: Mastering the mental game*. New York: Doubleday.
Parent, J., & Scanlon, B. (2015). *Zen tennis: Playing in the zone*. Ojai: Zen Arts.
Reps, P., & Senzaki, N. (1957). *Zen Flesh, Zen Bones*. Boston: Tuttle Publishing.
Suzuki, S. (1970). *Zen mind, beginner's mind*. New York: Weatherhill.
Tendzin, Ö. (1982). *Buddha in the palm of your hand*. Boston: Shambhala.
Tendzin, Ö. (2002). *Chariot of liberation*. Halifax: Vajradhatu.
Tendzin, Ö. (2004). *Space, time and energy*. Ojai: Satdharma.
Trungpa, C. (1984). *Shambhala: The sacred path of the warrior*. Boston: Shambhala.
Trungpa, C. (1999). *Great eastern sun*. Boston: Shambhala.
Walton, A. (4. September 2013). "The 6 weight-loss tips that science actually knows work." Forbes Media.
Wansink, B. (2006). *Mindless eating*. New York: Bantam.
Wansink, B. (2014). *Slim by design*. New York: Bantam.
Williamson, M. (2012). *A course in weight loss*. Carlsbad: Hay House.
Yeshe, L. T. (2011). *When the chocolate runs out*. Somerville: Wisdom.

MIX
Papier aus verantwortungsvollen Quellen
Paper from responsible sources
FSC® C105338

If you have any concerns about our products,
you can contact us on
ProductSafety@springernature.com

In case Publisher is established outside the EU,
the EU authorized representative is:
**Springer Nature Customer Service Center GmbH
Europaplatz 3, 69115 Heidelberg, Germany**

Printed by Libri Plureos GmbH
in Hamburg, Germany